花语与花图鉴

（日）川崎景介　监修
王春梅　译

辽宁科学技术出版社
·沈阳·

图书在版编目（CIP）数据

花语与花图鉴 /（日）川崎景介监修；王春梅译. —沈阳：辽宁科学技术出版社，2023.1（2024.12 重印）
ISBN 978-7-5591-2652-8

Ⅰ. ①花… Ⅱ. ①川… ②王… Ⅲ. ①花卉—介绍 Ⅳ. ①S68

中国版本图书馆 CIP 数据核字（2022）第 144712 号

出版发行：辽宁科学技术出版社
（地址：沈阳市和平区十一纬路25号 邮编：110003）
印 刷 者：沈阳丰泽彩色包装印刷有限公司
经 销 者：各地新华书店
幅面尺寸：145mm × 200mm
印 张：7.75
字 数：150千字
出版时间：2023年1月第1版
印刷时间：2024年12月第5次印刷
责任编辑：康 倩
版式设计：袁 舒
封面设计：袁 舒
责任校对：徐 跃

书 号：ISBN 978-7-5591-2652-8
定 价：59.80元

联系电话： 024-23284367
邮购热线： 024-23284502

Prologue

篇首语

感谢每一位把这本书捧在手心里阅读的读者。想必很多人虽然平时“知道花的名字，但对这种花朵的由来等却不甚了解”。那么，这本收罗了各季照亮了我们生活的花朵、解读了植物不为人知的传说和文化背景、满足了大家想要“了解花朵”的愿望、记录了各种充满智慧的花语的图册，应该可以就能大显身手了。

若是您能因为遇见了这本书，而与美好的花朵更加相亲相爱，我将不胜感激。

花文化研究者 **川崎景介**

川崎景介：Mami Dlowre Design School校长、花文化研究者。毕业于美国格雷斯兰学院。2006年起担任MAMI花艺学校的校长的职务。他通过独特的视角，研究世界各地的花卉文化。通过积极地在大学和各种文化团体进行演讲、著书等形式，致力于花文化的启蒙和传播。

目录
Contents

花语与花图鉴

第 3 章

秋 *Autumn* 193

第 4 章

日文版图书工作人员

照　　片：松冈诚太朗、大作晃一
摄　　影：中川文作（P92-93; 190-191; 220-221; 244-245）
摄影助理：Mami Dlowre Design School
设　　计：ohmae-d
执　　笔：辔田早月、菅野和子、
　　　　　富田纯子、横田悦子
编辑助理：柳濑笃子（株式会社 CO2）

本书使用方法

本书分为“春”“夏”“秋”“冬”来进行介绍。对于花期长的花卉，以最常见的时期为开花期基准。对于结果的植物，主要按照结果期来区分季节。对于全年可见的花，统一在“冬”的章节里介绍。开花期，以日本关东周边平原地区时节为基准，若有地区差异，敬请谅解。

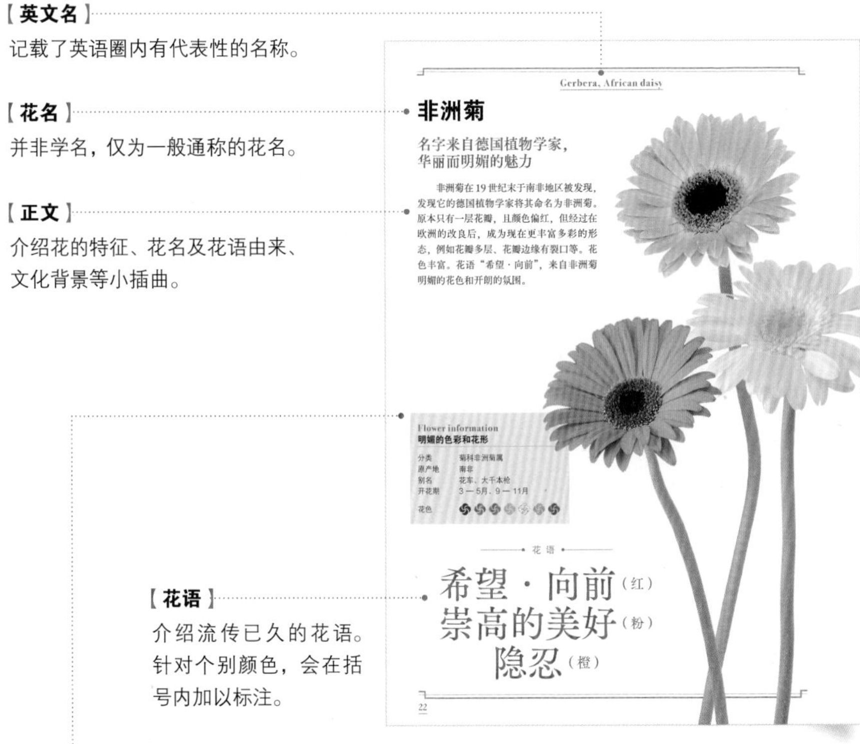

【英文名】

记载了英语圈内有代表性的名称。

【花名】

并非学名，仅为一般通称的花名。

【正文】

介绍花的特征、花名及花语由来、文化背景等小插曲。

【花语】

介绍流传已久的花语。针对个别颜色，会在括号内加以标注。

花的详细数据

分类	记载植物学上【科·属】的代表品种。
原产地	初次发现花卉或植物(或原种)的地区，仅记载有代表性的地区。
别名	记载有代表性的别名。如果主体花名可以用汉字体现，则记载日语名称。
开花期	记载在日本关东周边平原地区的自然状态下的开花时期。因为有区域差异，所以仅为参考。
花色	用色块标注具有代表性的花色。

第1章

春

Spring

冰岛虞美人

来自西伯利亚的原野宝石

属于西伯利亚虞美人属的一员。在鲜花店里看到的虞美人，大多数都是冰岛虞美人。希腊神话中，当生育女神的女儿被冥王囚禁时，她用虞美人的香味治愈了女儿的心灵，这是虞美人的花语起源。长期以来，虞美人一直被用作麻醉剂和催眠剂，花色鲜艳而生动。发源于寒冷刺骨的寒地，但明媚花朵犹如来自西伯利亚荒野的明珠。其婉约曲折的花茎，非常适合单支摆放。

花 语

忍耐
安慰

Flower information

盛开时薄薄的花瓣异常美丽

原产地 西伯利亚、亚洲大陆北部
别名 西伯利亚虞美人
开花期 2 — 5月
花色

山苍子

传递春季讯息的森林使者，散发着柠檬一样清爽的芳香

“山苍子”的名字来自略带绿色的枝条，这一点与同为樟科的大叶钓樟不同。乍暖还寒的时候，黄色的小花就在枝头绽放，预示着春天的到来。一串一串的花朵开满枝头，由此而得的花语为“友人众多”。由于其开花的时期，也被称为“毕业花”。成熟的果实味道微辣，所以它们也被称为“山姜子”。树枝和花朵散发着柠檬般的香味。

花语

友人众多

Flower information

铃铛一样的小花朵异常可爱

分类	樟科木姜子属
原产地	日本、中国
别名	毕业花、山姜子、木香子
开花期	3 — 4月
花色	

刺蓟

被印刻在苏格兰国徽上的花

围绕着蓟尖锐的小刺，有很多种不同的传说。相传圣母玛利亚将基督被钉在十字架上的钉子取下来后埋在地里，之后这片土地上就生长出遍地刺蓟。另外，刺蓟还被印刻在苏格兰的国徽上，据说当年刺蓟刺痛了来袭的敌军，让他们悲鸣不已，由此保护了国家的平安。花语“独立”，正是来自这段故事。“不要碰我”，想必来自它刺头刺脑的形象吧。

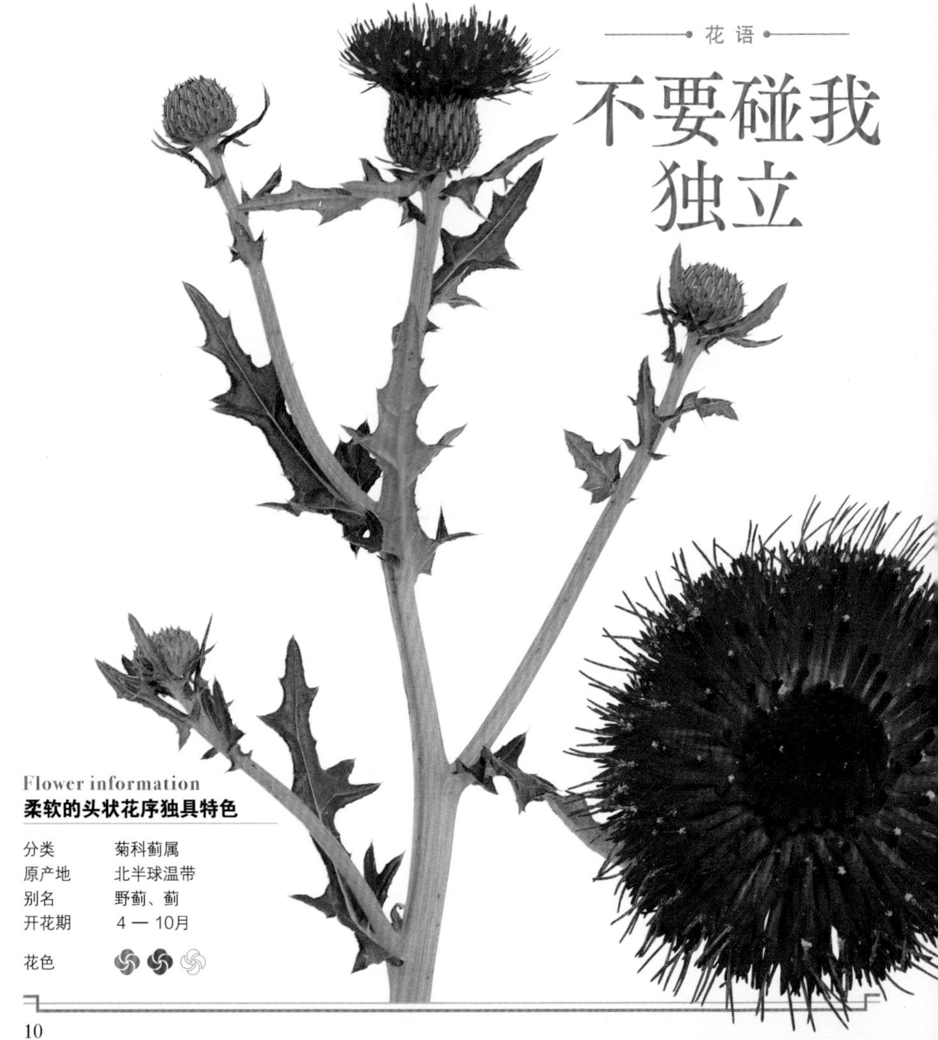

花语

不要碰我
独立

Flower information

柔软的头状花序独具特色

分类	菊科蓟属
原产地	北半球温带
别名	野蓟、蓟
开花期	4 — 10月
花色	

映山红

原产于东亚，野生物种分布于中国、日本、老挝等国

Flower information
适宜观赏的鲜艳大花朵

分类　杜鹃科杜鹃属
原产地　东亚
别名　洋杜鹃、荷兰杜鹃
开花期　4 — 5月
花色  

关于映山红的记载，最早见于汉代《神农本草经》。它的栽培历史，至少已有一千多年，到唐代，出现了观赏的映山红，此时它已经被移栽至庭院。后来经过荷兰、比利时等国的杂交栽培后，出现了很多不同的品种。

花语“节制”，正好呼应了其在干燥贫瘠的土地上也能生长的特性。花名来自拉丁语的“Asaros（干燥）”。

花 语

节制（红）
青春的欢喜（粉）

Japanese andromeda

马醉木

花朵美若珍珠，引发海神的愤怒

花语为“牺牲”“献身”，其名字来自希腊神话。在神话中，埃塞俄比亚的皇后夸赞公主比海中仙女更美丽，因而得罪了海神。花形优美，美若珍珠一样的花朵像铃铛一样成串开放。

枝叶有毒，马匹误食后会出现脚步混乱等醉酒的症状，因此而得名。

花 语

牺牲
献身
清纯的心

Flower information
适合种在庭院或花盆中

分类　杜鹃科马醉木属
原产地　中国、日本
别名　马不食
开花期　2 — 4月
花色  

银莲花

让格蕾丝凯莉开始喜爱花朵的契机

名字的由来，来自希腊语的“风”——“Anemone”。看起来像花瓣的地方，实则为花萼，中间的黑紫色部分才是真正的花。

Flower information

5cm 以上的花径充满存在感

分类	毛茛科银莲花属
原产地	地中海沿岸
别名	牡丹一华、花一华、红花翁草
开花期	2 — 5月
花色	

传奇女星格蕾丝·凯莉，就是因为在电影拍摄现场看到了导演递过来的银莲花，才感悟到了“相信自然才能发现自然的美好”。由此，格蕾丝·凯莉毕生保持谦逊的姿态，相信自己可以从大自然中获益良多。可以说，银莲花是这一切的开端。

花语是“爱你”“转瞬即逝的爱”，这个意义来自爱与美的女神阿佛洛狄忒的爱情传说。除此之外，还因为其总是伴随春风的造访而盛开，因此有“希望·期待”的花语。

一根茎上只开一朵花，独特的银莲花花朵硕大，引人注目。秋季种植球根以后，可以享受到较长的花期，这也是银莲花的特色之一。

花语

爱你（红）

希望·期待（白）

转瞬即逝的爱

Amaryllis, Barbados lily

朱顶红

硕大的花朵，好像正在聊天的美丽少女

存在感极强的大花朵，横向开花。就像花语所说，朱顶红好像正欢乐地跟旁边的花朵聊天一样。学名是由希腊语的骑士“hippeos”与星星“astron ”组合而成，象征骑士坐在马背上，挺拔的身姿像星星一样美丽。

花语

骄傲
交谈
杰出
美好

Flower information
永远成为艳丽的主角

分类　石蒜科朱顶红属
原产地　南美
别名　孤挺红、对红
开花期　3 — 7月
花色　  

Allium

大花葱

大量小花聚集在一起，让原野绚丽多姿的可爱花球

上千个细小的花朵聚集在一起，成为一个大大的花球。每一朵小花都呈放射状开放，同种花的数量数不胜数。花球被坊间亲切地称为“花葱头”。花语“圆满的人格”，想必来自圆滚滚的花形，“正义主张”“不屈的精神”应该来自笔挺的花茎。

花语

圆满的人格
正义主张
不屈的精神

Flower information
像葱一样的芳香

分类　百合科葱属
原产地　地中海沿岸、中亚
别名　高葱、吉安花
开花期　4 — 6月、10 — 11月
花色　  

印加百合

在安第斯山里
凛然而生的“印加百合”

原产于安第斯山脉的寒冷地区。花语来自其高冷美艳的花形以及易于养护的特点。别名“百合水仙”，来自其英文名“印加百合”和酷似水仙的形态。品种高达 50 种以上，基本都经过改良。

花语

凛然
持续
未来

Flower information

**作为鲜切花，
也能欣赏到花蕾绽放的过程**

分类	百合水仙科六出花属
原产地	南美
别名	百合水仙
开花期	3 — 6月
花色	

非洲玉米百合

一根花茎上的花朵接连开花

在笔直而柔软的花茎上，可爱的花朵一朵接一朵地盛开，可能这就是花语“团结”的由来。花茎折断后，会流出黏稠的液体。

英文名“African corn lily”，是因为英国人最早在非洲的玉米地里发现了它。因其叶片坚挺，酷似水仙，所以也被叫作“枪水仙”。但与属于石蒜科的水仙并不相同。

花语

团结
骄傲
秘密

Flower information

顽强，易于打理

分类　鸢尾科非洲玉米百合属
原产地　南美
别名　枪水仙
开花期　4 — 5月
花色   

Ginkgo, Maidenhair tree

银杏

花语

庄严
长寿

诉说秋季到来的长寿树，花朵在春季开放

原产地为中国。常被种植在寺庙中。树木通常长寿，树龄可达千年以上，花语由此而来。在原产地中国，因为其叶子的形状，也被称为“鸭脚”。叶子开始变色的时候，就是开始收获银杏的时节了。

Flower information

作为街道景观树，日本种植数量非常多

分类　银杏科银杏属
原产地　中国
别名　鸭脚、银杏
开花期　4 — 5月（开花期）
　10 — 12月（红叶期）
花色　

Candytuft

屈曲花

花语

心有所属
初恋回忆
甜美诱惑

可爱的小花，散发着柑橘一样的芬芳

像甜蜜的糖果一样，郁郁葱葱的小花散发着柑橘一样的芬芳。花语“心有所属”，来自花茎向太阳伸展的姿态。而“初恋回忆”“甜美诱惑”，则来自其可爱的花朵和甜美的气味。

Flower information

花朵繁茂，以群落生长为主

分类　十字花科屈曲花属
原产地　地中海沿岸、西南亚
别名　常盘荠
开花期　4 — 5月
花色　 

旱柳

花语

快速响应

造型独特，让人不禁联想到腾空的飞龙

所谓“云龙”，指的就是龙在云中穿梭的样子。旱柳的树干、枝条、叶子百转千回，独特的姿态像极了腾空的飞龙，因此也被称为“云龙柳”。生长迅猛，因此得到了“快速响应”的花语。

旱柳常被用来作插花的花材，届时会被涂成白色、金色、银色等。枝条柔软，易于加工，适合用来作花环或其他个性搭配。

Flower information

最适合动态造型

分类	柳科柳属
原产地	中国
别名	寒天柳、龙柳、云龙柳
开花期	4 — 5月
花色	

Star of Bethlehem

花 语

纯洁无瑕
才能

伯利恒之星

特别的星星，变身成瑰丽的一朵

英文名的意义就是“伯利恒之星”。据说伯利恒之星诞生于希腊，引导东方的三圣找到伯利恒。而伯利恒之星飞散到原野上以后，就变成了这种万年青属的植物。花语来自清丽的花形，长茎品种常被用来当成新娘的手捧花束。

Flower information

白色的小花非常适合作婚礼花束

分类	百合科虎眼万年青属植物
原产地	地中海沿岸、南非、西亚
别名	大甜菜
开花期	4 — 5月
花色	

Nodding anemone

白头翁

充满长老风格，有好多别名

花 语

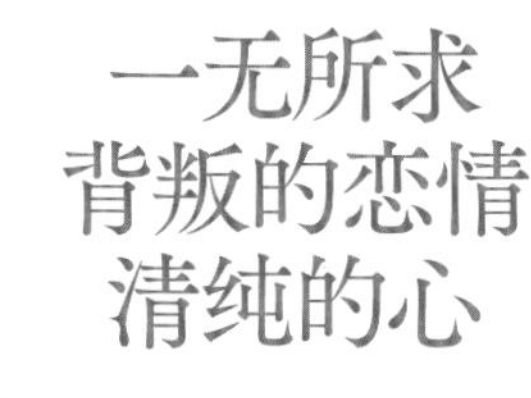

一无所求
背叛的恋情
清纯的心

花向下开，因此英文名的原意是“点头的银莲花”。花语也同样来自这种花形。白头翁的名字，来自果实上的白色绒毛。别名有奈何草、粉乳草、白头草、老姑草等，众多的别名是这种花的特征之一。

Flower information

自生数量骤减，濒危品种

分类	毛茛科白头翁属
原产地	日本、朝鲜半岛、中国、欧洲
别名	奈何草、粉乳草、白头花、老姑草
开花期	4 — 5月
花色	 

康乃馨 母亲节赠送康乃馨的风潮，来自美国的费城

5月的第2个周日是母亲节，而在母亲节赠送康乃馨的风俗则来自美国。

1914年，美国将康乃馨确定为母亲节的固定花卉。在费城有一间周日学校，学校老师琼斯夫人忌日当天，女儿会向身边的人赠送康乃馨。因为她希望大家带着母亲最喜欢的花朵来悼念母亲。康乃馨的花语很多，其中大多数都与爱有关，毕竟康乃馨是母亲节之花。

另外，无论哪种颜色的康乃馨，都有一个共通的花语，那就是“无瑕的深爱”。据说耶稣受难的时候，圣母玛利亚的眼泪流淌到地面上，之后，这里绽放了康乃馨。为了纪念这个传说，画家拉菲在其名作《手持康乃馨的圣母玛利亚》中就描绘了幼年耶稣手持康乃馨向圣母撒娇的场景。

Flower information

独具特色的不规则花瓣

分类	石竹科石竹属
原产地	欧洲、西亚
别名	麝香抚子、阿兰陀石竹
开花期	4—6月
花色	

花语

无瑕的深爱
对母亲的爱（红）
纯粹的爱（白）

Gerbera, African daisy

非洲菊

名字来自德国植物学家，华丽而明媚的魅力

非洲菊在19世纪末于南非地区被发现，发现它的德国植物学家将其命名为非洲菊。原本只有一层花瓣，且颜色偏红，但经过在欧洲的改良后，成为现在更丰富多彩的形态，例如花瓣多层、花瓣边缘有裂口等。花色丰富。花语“希望 · 向前”，来自非洲菊明媚的花色和开朗的氛围。

明媚的色彩和花形

分类	菊科非洲菊属
原产地	南非
别名	花车、大千本枪
开花期	3 — 5月、9 — 11月
花色	

花 语

希望 · 向前（红）
崇高的美好（粉）
隐忍（橙）

Baby's breath

缕丝花 英文名是“Baby's breath”

纤薄的小花细腻而洁白，一簇簇地在枝头绽放，看起来就像蓬松的霞雾，由此而得名。花朵形似铃铛，常见于花束和花篮的搭配。英文名为“Baby's breath（婴儿的气息）”，由此衍生出的花语为“清澈的心”“纯洁无瑕”。

Flower information

适用于鲜切花和园艺造型

分类	石竹科石头花属
原产地	欧洲、中亚
别名	花丝抚子、丝石竹、霞草
开花期	5 — 6月
花色	

—— 花语 ——

清澈的心
纯洁无瑕

Dogtooth violet

狗牙堇

—— 花语 ——

初恋
忍受寂寞

无法传递心意的花形 让人联想到青涩的初恋

作为一种山野草，它的花期较长。现在说到淀粉，大多数的原材料都来自土豆，但在此之前，人们都是从这种植物的根茎里提取淀粉的。花语“初恋”“忍受寂寞”，想必是由其低垂着绽放的花朵而来的。

Flower information

像垂首的少女般可爱的花形

分类	百合科狗牙堇属
原产地	日本、朝鲜半岛
别名	片箱、片子、片栗
开花期	6 — 11月
花色	 

花 语

在逆境中隐忍
治愈你

洋甘菊

对人对植物都能发挥功效，历史悠久的治愈系植物

在欧洲，洋甘菊是最为古老的草药之一。19 世纪初，洋甘菊从荷兰传到日本，之后开始人工栽培。洋甘菊的花朵散发着苹果芳香，花名来自希腊语的“大地的苹果”。在荷兰语中，洋甘菊的名字是“Kamille”。花语“在逆境中隐忍”，是因为洋甘菊贴着地面生长，不畏重压和践踏。

洋甘菊可以分为德国甘菊和罗马甘菊两种，德国品种可用于花茶，罗马品种可用于精华油或浴液等。效果多样，有缓解压力、安眠等作用，花语“治愈你”就是由此而得来。另外，对周围的植物有驱虫的效果，也被称为“植物医生”。

Flower information

散发着苹果香气的小百花

分类	菊科鹿菊属 小鹿菊属（德国品种） 罗马小甘菊属（罗马品种）
原产地	欧洲、西亚
别名	加密列、小甘菊
开花期	4 — 6月（德国品种） 5 — 6月（罗马品种）
花色	

枸橘（枳）

不甚协调的花与茎，总是刺激着各界作者

童谣“枸橘之花”脍炙人口。这首歌的来源，就是其花语——“回忆”。在很多电影、电视剧、小说等大量作品的题目中，也常见枸橘之花这个名字。枸橘的花朵形象清纯，茎上带有尖刺，因此会被用来作家庭院墙的防护层。花朵和尖刺的不协调，正是其魅力所在。

花语

回忆

Flower information

柑橘特有的浓香

分类	橘科枸橘属
原产地	中国
别名	枳
开花期	4 — 5月
花色	

Bird's eye

吉莉草

繁星般的小花聚集在一起，像一个可爱的“香囊”

看似羸弱的曲线型花茎上，开出由很多小花集结在一起的花球，圆润可爱。品种丰富，花形和氛围不尽相同，由此得到“反复无常的恋情”。英文名“Bird's eye”，仅代表其中一个品种。据说花蕊看起来像小鸟的眼睛，由此而得名。

—— 花语 ——

反复无常的恋情
到这里来

Flower information
几十朵小花集结开放

分类	花荵科吉莉草属
原产地	北美、南美
别名	美国花荵
开花期	4 — 7月
花色	

Calendula

金盏花

带着悲情神话，闪耀着金色光芒的小杯子

特点是拥有明媚而华丽的花色和悠长的花期。在希腊神话中，水妖迷恋太阳神波塞冬，在一动不动地凝望波塞冬的时间里，渐渐演变成了金盏花。虽然是一个令人悲伤的神话，但却造就了“离别的悲伤”“少女的身姿”等花语。

—— 花语 ——

离别的悲伤
少女的身姿
慈爱

Flower information
在欧洲既可食用又可药用

分类	菊科金盏花属
原产地	地中海沿岸
别名	黄金盏、长春花
开花期	3 — 6月
花色	

Camphor laurel

楠木

《龙猫》中龙猫栖身的苍天古树

楠木的枝叶有独特的气味，是“樟脑”的原材料，由此而来花语为“芳香”。被人们当成天然的防虫剂，在晚春开小花。

楠木寿命很长，四季常绿。

在宫崎骏导演的动画电影《龙猫》中，楠木给人们留下了深刻的印象。微风吹过，树叶与树叶摩擦发出沙沙声音，仿佛森林之神在喃喃自语。

Flower information

散发着黄绿色光芒的小花俏皮地开放在高大的树木上

花语

芳香

分类　樟科楠属

原产地　中国、东南亚、日本

别名　楠、樟

开花期　4 — 6月

花色 

星花凤梨

“和睦夫妻之日”的礼物——华丽的热带花朵

近年来比较常见的热带品种，属于凤梨科的观叶植物。看似花瓣的地方实则为花苞，真正的小花仅为中间部分的小小花朵而已。

花语“热情”，很好地与鲜艳的色泽相呼应。时间流逝的过程中，颜色渐渐消退，然后新芽萌生。花朵的样子象征着圆满的家庭关系。

Flower information

华丽张扬，凤梨的同类

分类　凤梨科果子蔓属
原产地　中美洲、南美
别名　果子蔓
开花期　4 — 6月
花色

花语

热情
理想的夫妇
健康幸福

圣诞玫瑰

传奇园艺家格特鲁德·杰基尔（GertrudeJekyll）最爱的花朵

英国有一位久负盛名的园艺家——格特鲁德·杰基尔（Gertrude·Jekyll，1843—1932），她对造园艺术的影响力遍及整个世界。同时作为画家和工艺品家，即使在罹患眼疾期间仍然没有放弃向园艺界进发。之后，她与著名建筑家联手开创了英国园艺界的新起点。

格特鲁德的作品当中，使用了大量风格别致的圣诞玫瑰。在英国，圣诞玫瑰作为一种药草也同样久负盛名，其花语“缓解不安”正是来源于此。

Flower information

装饰春季花坛的贵重品种

分类	毛茛科铁筷子属
原产地	欧洲中南部、地中海沿岸
别名	寒芍药、黑嚏根草、雪起
开花期	12 一 翌年4月
花色	

花语

安慰
中伤
缓解不安

幸运草

传递幸福的讯息

5世纪的时候，幸运草便成为爱尔兰的国花，并在民间出现了利用胸前别幸运草的方式庆祝圣帕特里克纪念日的习俗。这个故事衍生出的花语为“约束”。另外，四叶幸运草的花语是“幸运”，据说发现的概率是万分之一。

花语

约束
幸运
率真

Flower information

花朵呈球状的多年生草本植物

分类　豆科车轴草属
原产地　欧洲
别名　白诘草、阿兰陀紫云英、苜蓿
开花期　4—7月
花色 

月桂 希腊神话中登场的尊贵树木

花语来自希腊神话中关于太阳神阿波罗的故事。阿波罗喜欢河神的女儿达芙妮，但却被达芙妮严词拒绝了。被阿波罗的追求搞得不耐烦的达芙妮，恳求父亲把自己变成一棵树，于是最终成了月桂树的样子。这令阿波罗悲痛不已，并将树的形象作为了自己的象征。这棵树，就是月桂树。据说阿波罗为了证明自己“至死不渝”的爱恋，永远都会随身佩戴用月桂树叶编织成的头冠。

月桂现在亦被视为“光荣、胜利”的象征，因此获得功勋的人，往往会被授予月桂头冠。

花语

光荣、胜利
至死不渝（叶子）

Flower information

干燥的叶子是上佳的料理香料

分类	樟木科月桂属
原产地	地中海沿岸
别名	桂冠树、甜月桂、月桂冠、月桂树
开花期	4 — 5月
花色	

荷包牡丹

与佛祖结缘的清纯花朵

可爱的心形花朵，沿着弯曲而细长的花茎垂下来，一朵一朵并排绽放。作为贡品，花枝常被供奉在佛像面前，这是因为花朵的形状酷似佛堂里的金属华发（一种供奉道具）。花尖部分略白，有点儿像鱼尾，这一点被形容成刚被钓上来的鲤鱼，因此也被称为“钓鲤草”。

由于其并列开放的特点，花语为“顺从”。另外，还有来自其花形的花语——“恋情”，以及由花蕾最下面的裂口衍生出来的花语——“失恋”。

花语

顺从
恋情
失恋

Flower information
一串一串的可爱心形花朵

分类　荷花牡丹属
原产地　东亚、北美
别名　钓鲤草、藤牡丹、璎珞牡丹
开花期　4 — 5月
花色

蝴蝶兰

气质高贵的花朵，传递喜悦的使者

英文名“Phalaenopsis aphrodite”，来自希腊神话中爱与美的女神阿芙罗狄蒂的名字。大多的花瓣仿佛蝴蝶飞舞，由此得来的花语为“飞来的幸福”。盆栽的品种，寓意为“踏实的幸福”，常被用来当作新婚、出生、今生、搬迁等的常规赠礼。

市面最常见的是白色蝴蝶兰，实则还有粉色、红色、紫色等花色。白色蝴蝶兰被比喻成身穿嫁衣、纯洁美丽的新娘，其花语为“清纯”，常被用于婚礼花篮。

Flower information

蝴蝶翩翩起舞般优雅的花形

分类	兰科蝴蝶兰属
原产地	东南亚、南亚、澳大利亚
别名	蝶兰
开花期	4 — 6月
花色	

花语

飞来的幸福

清纯（白）

爱你（粉）

Reeves spirea , Spirea

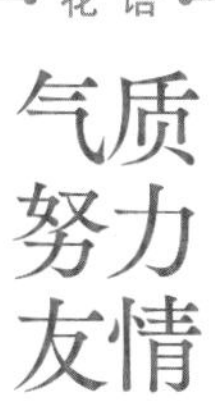

绣线菊 花如其名的可爱花朵

小花朵凑在一起开放，宛如古代蹴鞠一般，因此被称为绣线菊。花语正是来自其高雅的气质。绣线菊凑在一起开放的形态，好像小花在共同努力、齐心向上一样，因此衍生出“努力”“友情”等花语。

花 语

气质
努力
友情

Flower information

努力绽放的白色喷泉

分类	蔷薇科绣线菊属
原产地	中国东南部
别名	铃悬、小手鞠
开花期	4 — 5月
花色	

Kobushi magnolia

木兰

与春天并肩到访，呼唤着崭新的季节

花蕾的样子有点儿像小朋友握紧的拳头，花语是“珍爱”。花蕾绽放以后，就像小朋友摊开了手掌一样。有些地方，把木兰花开花视为要开始春耕的信号。

Flower information

花径约 10 厘米，
好像小朋友摊开的掌心

分类	木兰科木兰属
原产地	日本、韩国
别名	山兰、种时樱
开花期	3 — 4月
花色	

花 语

珍爱
友情
友爱

樱花 永生传唱，自古流传之美

樱花开时春心荡漾，樱花谢时泪眼无声。樱花具有一齐开放、一齐凋谢的特点，由此得到的花语是“精神之美”“纯洁”。

在一些日本古籍中，都出现了与农夫结婚、相亲相爱的女神“花开耶姬”的故事。而花开耶姬（SAKUYA，与樱花 SAKURA 谐音）就是樱花一词的由来。

关于樱花，还有另外一个传说。据说 SAKURA 中的 SA 指的是神灵，而 KURA 则是神灵坐的椅子。

古时候，樱花盛开的时候人们就会聚集在一起，在樱花树前供奉美酒、祈祷丰收。这个习俗演变至今，就成了年年到樱花树下赏花的情节。

樱花从农耕伊始的象征，演变为日本美学的代表，这个过程中西行武士（僧人·歌者）起到了非常重要的作用。他摒弃了自身武士的身份，周游四方寻找大自然之美，然后在世间万物中挑选出樱花成为自己秉承终生的美之寄托。他把喜悦、悲伤、感动等种种情怀寄托在樱花当中，毕生都在颂唱樱花的美好。

—— 花语 ——

精神之美
纯洁
优美的女性

Flower information

品种超过 300 种，点缀了整个春季的天空

分类　蔷薇科樱花属
原产地　日本、喜马拉雅近郊、北半球温带
别名　樱
开花期　2 — 4月
花色 

樱草

从园艺文化中成长

与樱花的花瓣一片一片单独生长相比，樱草所有的花瓣都结实地与花座连接在一起。细品美感不同，但两者都同样散发着华丽的美感。远远望去，浅红色的樱草会被误以为是樱花呢。

其“清澈”的花语，正是在形容樱草的花形。樱草是能带来“希望”的报春花。

花语

清澈
希望
纯洁

Flower information

小花酷似樱花，多年生草本植物

分类　樱草科樱草属
原产地　日本、朝鲜半岛、中国东北部
别名　日本樱草
开花期　4 — 5月
花色   

日本山茱萸

江户时代开始广为流传的珍贵药用植物

早春，在叶子萌发之前就会开出满枝黄色的小花。金灿灿的小花在略显清凉的春风里耀眼夺目，也被称为“春黄金花”。秋季结出珊瑚一样璀璨的红色果实，被称为“秋珊瑚”。

干燥的茱萸果实有滋养强壮、治疗低血压、缓解疲劳等效果，花语也正是来自这种强劲的药效。

花 语

持久
成熟的精神
豪迈的爱意

Flower information

鲜亮的小黄花宣告着春季的到来

分类	山茱萸科山茱萸属
原产地	中国、朝鲜半岛
别名	春黄金花、珊瑚花
开花期	2 — 4月（果实10 — 12月）
花色	

Weeping willow

垂柳

被冠以“悲哀”的花语

“花红柳绿”，是中国著名的格言。人们对垂柳的印象，通常都是绿色成荫的模样，但其实垂柳却会在春夏之际开出黄色的柱状小花。

花语“顺从”，来自其柔弱的枝叶在风中摇曳的样子。另外，引用《旧约》中描述犹太女性对故乡的思念之情，赋予垂柳“悲哀”的花语。

花语

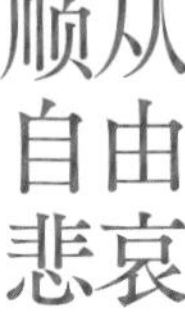

Flower information

微风拂过，垂柳的枝叶随风轻摆

分类	柳科柳属
原产地	中国
别名	丝柳
开花期	3 — 4月
花色	

Yeddo hawthorn

车轮梅

常被用于园艺或植物墙，初夏开花的树木

花语

纯真
舒适的微风
爱的告白

“车轮梅”，端正的白色梅花上有 5 枚花瓣，仿佛小巧可爱的车轮，由此而得名。可爱的小花总是在风声里快乐地摇摆，因此花语是“纯真”“舒适的微风”。另外，集中开花的时候，整棵树就像一个巨大的花束，由此联想到“爱的告白”。

Flower information

车轮状排列的叶子和瓣瓣分明的小花

分类	蔷薇科车轮梅属
原产地	日本、东亚
别名	立车轮梅、花木斛
开花期	4 — 6月
花色	

紫丁香

樱花绽放的时节里，散发出浓烈的芬芳

春季的紫丁香、夏季的栀子、秋季的木樨，被合称为三大香木。据说由于强烈的香气，以及“丁香花谢木犹香”的理由，丁香甚至不能被摆放在茶室中。

花名的一半来自其仿佛香木——沉香一样的气味，另一半来自花形。丁香是常绿植物，因此花语是“不死”“不灭”。因其强烈的香气，另一个花语是“装饰”。

花语

不死
不灭
装饰

Flower information

用气味昭告天下：冬已去，春已来

分类	丁香科丁香属
原产地	中国
别名	千里香、轮丁花、瑞香、沈丁花
开花期	3 — 4月
花色	

Sweet pea

Flower information

蝴蝶一样的花形，带来甘甜的香气

分类　豆科山黧豆属

原产地　意大利西西里岛

别名　麝香连理草、甜豌豆

开花期　3 — 5月

花色   

香豌豆

在意大利一经发现就大获人气，其后品种被不断改良

原产地是意大利西西里岛，被当地的神父发现。19 世纪经过被改良后，由最初的 5 个品种拓展到 264 个品种，并在 1851 年参加了 19 世纪最大规模的万国博览会。花形轻盈如蝴蝶，由此得来了独特的花语。

花 语

出行 · 别离

瞬间的欢喜

温柔的思念

铃兰

高冷美人选择的花束用花

作为 20 世纪好莱坞女星的代表之一，格蕾丝 · 凯莉终生热爱花卉。她与摩纳哥国王雷尼尔三世闪电结婚后，宣布息影。

她为婚礼花束选择的花朵，就是铃兰。据说格蕾丝 · 凯莉亲手打出了自己简洁朴素的婚礼花束，花语是“爱的幸运”“正确的选择”。想来，格蕾丝在花束中融入了对“遇到雷尼尔三世”的感谢之情以及“做出了正确的婚姻选择”的期许。

在法国，5 月 1 日赠送铃兰有“幸福来临”的意思。

花 语

爱的幸运
正确的选择
幸福来临

Flower information

花形好像小铃铛般
可爱地排列在一起

分类　天门冬科铃兰属
原产地　日本、欧洲、亚洲
别名　君影草
开花期　4 — 5月
花色 

紫罗兰

花语

永远美丽
被爱包围
体谅

颜色柔和，色彩多样

花茎粗壮结实，英文名“stock（棒子）”即由此得名。从古时候开始，欧洲就将其视为药草栽培。

希腊神话中有这样一个故事。古时候，两个敌对国的王子和公主交好，本来想利用绳子幽会，但没想到绳子断裂导致公主死亡。之后，神灵让公主变成紫罗兰，并定下“被爱包围”的花语。

近来，德国某地区非常盛行栽培紫罗兰。为了避免杂交后颜色混乱，据说每个村落都有特定的栽培颜色。

Flower information
历史悠久，香艳和美丽并存

分类	十字花科紫罗兰属
原产地	欧洲南部
别名	紫罗兰花
开花期	2 — 4月
花色	

Flower information
草莓般可爱的花朵

分类	豆科车轴草属
原产地	欧洲
别名	红花诘草、阿兰陀莲华
开花期	4 — 7月
花色	

绛车轴草

才色兼备，是优秀的牧草

豆科植物，含有大量优质蛋白质，非常适合作家畜的饲料。另外，在田野中自然生长的绛车轴草将成为肥料，带来卓越的绿肥效果，让牧草更加肥沃。

不仅如此，独具魅力的花形也令人称赞。花茎向光弯曲，顶端开出红色花穗，与之匹配的花语是“朴素可爱”。花穗既像草莓，又像火把。

花语

朴素可爱
闪耀的爱
心中的光

Flower information

略微低垂的花朵，一根茎上一朵花

分类　石蒜科雪花莲属
原产地　欧洲
别名　待雪草
开花期　2 — 3月
花色

Snowdrop

雪花莲

维多利亚女王与阿尔伯特亲王之间羁绊的象征

19 世纪的英国维多利亚女王，是花卉文化史中不得不提的人物之一。她在 18 岁的年纪就继承了王位，在与阿尔伯特亲王结婚后，阿尔伯特公爵始终诚心诚意地支持着她。

在继承王位后的婚礼上，女王手中紧握的正是内敛低调的雪花莲花束。选择它的理由，是因为这是“阿尔伯特亲王钟爱的花”。

作为英国女性时尚潮流的引领者，女王选择的花很快成为全国女性的心头好。无论是身上佩戴的装饰品，还是社交场合的小花束，甚至在装饰餐桌、赠送礼品的时候，也总是少不了雪花莲的身影。

其花语，来自宗教传说。据说天使可怜被赶出伊甸园的亚当和夏娃，于是撒下雪花传递“春天即将降临”的讯息，然后雪花幻化成为雪花莲带给二人安慰。

花语

安慰
希望

天竺葵

花语

伪装
忧郁
尊敬

驱虫、辟邪，是花坛的守护神

颜色艳丽，气味具有驱虫的效果，因此被奉为有驱魔、避免厄运的效果。在欧洲常被装饰在窗边，也是最常被用来作装饰的花卉之一。可爱的叶片散发独特的青涩气味，因此花语为“伪装”“忧郁”。除了这种花色以外，其他各种花色分别有各自的花语。

Flower information

多彩的色泽装点了花坛和窗边

分类	牻牛儿苗科天竺葵属
原产地	南非
别名	石蜡红
开花期	4 — 11月
花色	 

Dandelion

蒲公英 被米勒和达利绘入画中的漫天飞舞的绒毛

原本被称为“鼓草”，这是因为大家把鼓声转用在了花名上。

花语是“爱的神谕”，因为欧美国家常利用蒲公英的绒毛进行爱情占卜。在绘画作品中，常见以蒲公英为主题的画作。例如 19 世纪法国作家米勒的作品《蒲公英》中，毛茸茸的绒毛成了画作的主人公。另外，生于西班牙的 20 世纪代表作家达利的作品《飞舞的蒲公英》当中，也通过拟人的手法演绎了毛茸茸的蒲公英形象。

Flower information

北半球约有 2000 种，日本约有 10 个品种

分类　菊科蒲公英属
原产地　日本、中亚、地中海沿岸
别名　鼓草
开花期　3 — 5月
花色

花语

爱的神谕
真心的爱
别离

花语

爱的告白（红）
不灭的爱（紫）
爱的萌发（粉）

郁金香

出现于土耳其，但却在荷兰掀起轩然大波的球根植物

在土耳其，郁金香是一种历史悠久的地产花卉。曾经属于奥斯曼帝国的托普卡帕宫（14—20世纪初）中，常见寓意郁金香的匠人佳作。

16世纪，郁金香出口至欧洲。17世纪在荷兰被培育出颜色珍稀的品种，并被售出天价。此后，郁金香在荷兰迎来了黄金时代。

14世纪末，活跃在法国的法兰德斯地区的法兰德斯派画家们尤其喜欢描绘白底红条纹的郁金香。可惜的是，这个品种的郁金香由于病毒香消玉殒，所以19世纪以后的画家笔下只留下纯色郁金香。在古罗马普布利乌斯·埃利乌斯·哈德良大帝的别墅残骸中，也发现了郁金香的马赛克画作。科学家们认为当时欧洲并没有郁金香，因此真相成了千古之谜。

Flower information

栽培品种超过 2000 种

分类	百合科郁金香属
原产地	中亚、北美
别名	洋荷花、草麝香
开花期	3 — 4月
花色	 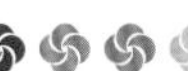

杜鹃花

魅惑了幕府末期志士坂本龙马的花朵

相传，古有杜鹃鸟，日夜哀鸣而咯血，染红遍山的花朵，因而得名。杜鹃花一般春季开花，花冠呈漏斗形。中国的江西、安徽、贵州以杜鹃花为省花。

花语

谨慎
恋情的喜悦（红）
初恋（白）

Flower information
既可观花，又可赏叶

分类　杜鹃科杜鹃属
原产地　东亚
别名　映山红、山石榴、山踯躅
开花期　4 — 6月

花色   

Enkianthus

吊钟花 与铃兰相仿的可爱白色钟形花

春季开花，花朵形似吊钟。花朵含情脉脉，叶片纤细柔嫩。花语是“优雅”，真是名副其实。

别名“满天星”，因为中国有一种叫作“满天星”的花，与吊钟花是近亲，而吊钟花开花的样子与满天星有点儿类似。

Flower information

春季的新绿和秋季的红叶都令人赏心悦目

分类 杜鹃科吊钟花属
原产地 日本
别名 满天星、灯台踯躅
开花期 3 — 5月
花色

花语

优雅
节制

Shepherd's purse

荠菜花

令人想伸手抚爱的春季七草之一

早春时节，路边常见这种惹人怜爱的小白花，每每看见，总是禁不住弯腰抚摸。这种小花，就是荠菜花。从古时候开始，人们就用它来做汤做粥，是春季七草之一。

Flower information

可作为食材

分类 十字花科荠菜属
原产地 东欧、西亚
别名 砰砰草、荠菜
开花期 2 — 5月
花色

花语

把一切都献给你

Field mustard

芥菜花

让春季苏醒的花

借助《胧月夜》的歌谣和谢无村的名句“花月在东、日在西”，芥菜花不仅成为众所周知的花卉，还成为春色的象征。夏目漱石通过自己的著作《草枕》，成功地塑造了芥菜花“让春困的气息一扫而光”的形象。花语来自明媚的花色。在古代，人们会用其种子榨取食用油。

花语

小确幸
快活
明媚

Flower information

可用来作观赏鲜切花

分类	十字花科十字花属
原产地	亚洲、欧洲
别名	叶花、花菜、油菜、叶之花
开花期	2 — 4月
花色	

Sweet violet

甜堇菜

被拿破仑的妻子热爱的花

花语

谦逊
秘密的爱
高尚

古希腊首都雅典娜的市徽上就镌刻着甜堇菜的花纹。而在欧洲，自古以来就把甜堇菜作为香料栽培。据说古罗马的贵妇会在入浴时添加此花，以此增加芬芳的沐浴效果。而拿破仑的妻子约瑟芬，则尤为钟爱这种花。

画家丢勒和马奈也都在画作中描绘过甜堇菜的形象。

Flower information

三色堇的近亲花种

分类	三色堇科三色堇属
原产地	欧洲、北非、西亚
别名	堇菜
开花期	2 — 4月
花色	 

Fennel flower, Love-in-a-mist

黑种草

英文名意为“雾中的恋情”，黑色的种子是一款香料

因为黑色的种子，被命名为黑种草。种子的香气类似大蒜，常被用来当成面包或点心的香料。

叶片纤细，被誉为“美女凌乱的发丝”。

Flower information
貌似花瓣的部分实则为花萼

分类　毛茛科黑种草属
原产地　欧洲、西亚
别名　黑种草
开花期　2 — 6月
花色　

花语

梦中之恋
秘密的欢喜
困惑

Japanese rose

刺玫花

清爽的芬芳，别名“野玫瑰”

在山野中自然生长的藤蔓玫瑰，也被称为“野玫瑰”，但因为花茎上有大量刺，所以“刺玫”的名字更为普遍。形象正如花语所说，“质朴得可爱”。花朵散发着甜美的芬芳，秋季可以看到红色的果实。

Flower information
红色果实可以用来治疗便秘，并且具有利尿效果

分类　蔷薇科玫瑰属
原产地　日本、朝鲜半岛
别名　野玫瑰、野茨
开花期　4 — 6月
花色　

花语

质朴得可爱
诗情

Fritillary

贝母

花朵低垂，但气质凛然、花形独特

别名“勤母”，球根的形状酷似分成两半的贝类，因此在原产地——中国——被称为贝母。有止咳、解热、止血等多重功效，花语“才能”正是由此得来。低垂的花朵楚楚动人，因此花形衍生出的花语为“谦虚的心”。

Flower information
花内侧有蜂窝状网纹

分类　百合科贝母属
原产地　中国
别名　网纹百合
开花期　4 — 5月
花色 

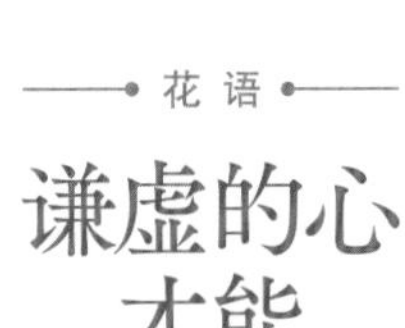

花语

谦虚的心
才能

Pink Jasmine

多花素馨

强烈的香甜气息，仿佛天女的羽衣

常见攀爬于栅栏和围挡之上，往往枝繁叶茂。春夏之际无数的小花争相开放，引人驻足观望。成片的花朵连成片，好像天女优美的羽衣一样。

花语为“动人”“好感”。由于其粉红色的花蕾和洁白的星星状小花而备受喜爱。

花语

动人
好感

Flower information
与茉莉花茶中使用的茉莉花有所不同

分类　木犀科素馨属
原产地　中国、印度
别名　鸡爪花、狗牙花
开花期　4 — 6月
花色 

大花四照花

10 年生的大花四照花可高达 15 米，冠幅达 10 米以上，树干直径约 30 厘米

此花为温带树种，适合生长在温暖湿润、阳光充足的气候环境中。大花四照花具有一定的耐旱和耐贫瘠性。

大花四照花树姿奇特，绿叶茂密，花朵素雅……具有较高的观赏价值，适合作为公园、庭院等的绿化树种。

Flower information

常用于庭院树木，花期长，结红色果实

分类　山茱萸科山茱萸属

原产地　北美

别名　狗木、红花山茱萸

开花期　4 — 5月

花色　

花语

回赠

请接受我的心意

虞美人

作为潮牌 Marimekko 的品牌形象而闻名

一年生草本植物。拥有很多别名。虞美人这个名字也被用于夏目漱石的小说标题，谢野晶子在自己的法语歌曲中也热情地歌颂过虞美人的独特魅力。

在芬兰语中，虞美人叫作“Unikko”。同时，虞美人还是北欧著名潮牌 Marimekko 的品牌代表形象。在西班牙语中，称为“Amapola”，曾有一首著名的广告背景音乐以此命名。在音乐中，歌者看到虞美人的花朵幻化成了恋人的形象。

花语

关心
思虑

Flower information

华丽且没有绒毛

原产地　欧洲

别名　虞美人草、丽春花、赛牡丹、仙女蒿

开花期　4 — 7月

花色

风信子

悲情美少年化身成为柱状花朵

花名来自古希腊神话。在希腊神话中，有一位美少年名叫雅辛托斯，为阿波罗神所钟爱。然而雅辛托斯却被阿波罗掷出的铁饼误伤而死。传说中，在雅辛托斯的血泊中，长出了一种美丽的花，这就是风信子。

从远古时期开始，蓝的花朵就象征着死亡。但蓝紫色的风信子，却被人们视为雅辛托斯转世重生的模样。

花语为“运动”“超越悲伤的爱”“嫉妒”，这些都来自神话传说。16 世纪的时候，风信子在欧洲地区衍生出了很多园艺品种，被人们津津乐道。

花语

运动

超越悲伤的爱（紫）

嫉妒（红）

Flower information

球根的颜色与花色相近

分类	风信子科风信子属
原产地	地中海沿海、北非
别名	绵百合
开花期	3 — 4月
花色	

Pincushion

针垫花

来自南美，形似针垫

花茎顶端小花密布，然后延伸出数不胜数的雌蕊。看起来的样子如同插满绣花针的针垫，因此而得名。

花语来自明媚的色彩、华丽的姿态以及持久的花期。

适用于制作干花。

Flower information

花期长达 3 ~ 4 周

分类　山龙眼科针垫花属

原产地　南非

别名　风轮花、针包花、针垫山龙眼

开花期　3 — 5月

花色   

花 语

共同繁荣

开朗

Giant butterbur

Flower information

雌雄异株，花后的小圆叶子郁郁葱葱

分类　菊科蜂斗菜属

原产地　中国、日本、朝鲜半岛

别名　冬黄、蕗

开花期　3 — 4月

花色

花 语

可爱的公平

蜂斗菜

小精灵的雨伞

早春时节，花茎上先是结出花薹，接下来数日，就能看到筒状的头茬花。茎和叶都有独特的香气和苦味。从古时候开始，日本民间就开始将其作为食物和药材使用。在阿伊努族的传说中，蜂斗菜是森林小精灵的雨伞，而且小精灵们就在蜂斗菜的叶子下搭建屋檐来遮风避雨。

Fuchsia, Lady's eardrops

倒挂金钟

花形独特，仿佛淑女的耳坠

被16世纪的德国植物学家莱昂纳多·福克斯命名。花朵从枝头垂下，羞涩可爱，因此也被称为“Lady's eardrops”。花语为“谨慎”。在日本，人们由它的样子联想到了钓鱼用的浮漂，因而也将其命名为“钓浮草”。

花语

谨慎

Flower information

可爱的垂吊花朵

分类	柳叶菜科倒挂金钟属
原产地	中非、南非
别名	钓浮草、灯笼花
开花期	3 — 7月
花色	  

Amur adonis

侧金盏花

传递春意的金黄色小花

春天的先行者，金黄色的花朵明媚可人，多年生草本植物。分布于中国辽宁、吉林、黑龙江东部，生长于山坡草地或林下。日文名也叫“福寿草”，别名“元日草”和花语均来自江户时期的习俗。

在阿伊努的风俗中，侧金盏花开花的时候，传说中的远东哲罗鲑（Hucho perryi）就会到访。

花语

召唤幸运
永远的幸福

Flower information

种植范围广泛，盆栽可布置厅室

分类	毛茛科侧金盏花属
原产地	中国、日本、朝鲜半岛、西伯利亚
别名	金盏花、金盅花、冰了花、元日草
开花期	2 — 3月
花色	

紫藤

点亮了平安文学，高贵的存在

春夏之际盛开，以其高贵和艳丽而闻名，在《万叶集》中被反复吟诵。清少纳言的《枕草子》当中，特别提到了紫藤随风散落的独特姿态。由此，随风而去也成了紫藤的代名词。

花语“优雅”，因其柔和低垂的花形很能体现女性优雅的形态而来。

紫藤树的纤维强韧，古时候被用来制作衣服。在人气漫画《鬼灭之刃》中，紫藤是能够让对方的恶鬼退散的花朵。

花语

优雅
欢迎

Flower information

摇曳的花形风情万种

分类　豆科紫藤属
原产地　日本
别名　野田藤
开花期　4 — 5月
花色 

小苍兰

植物学家向好友医生献名的逸事

1810 年，一位丹麦植物学家在南非地区发现了这种植物。左思右想，他用自己的好朋友——德国医生的名字（Freesia）给这种植物命名。也正因如此，花语是“友情 · 信赖”。

这种花传到欧洲以后，其清香的气味和动人的花朵很快引来众人喜爱，英国和荷兰等国家很快开始利用原生品种进行改良。小苍兰香精油也常常用于作沐浴露等原料之一。

花语

友情 · 信赖
没有退路（白）
天真无邪（黄）
憧憬（紫）

Flower information

笔直的花茎上开出弓着腰的花朵

分类	鸢尾科香雪兰属
原产地	南非
别名	浅黄水仙、香雪兰
开花期	3 — 4月
花色	

花 语

自由自在
王者风范

Flower information

存在感不容忽视的花

分类	山龙眼科山龙眼属
原产地	中非、南非
别名	普蒂娅花
开花期	4 — 6月、10 — 12月
花色	

帝王花

生于南非的庄严王者

变种很多，英文花名为“Protea”。这个名字来自希腊神话中的海神波塞冬，因为波塞冬能自由自在地变换自己的形态，因此用这个名字来命名帝王花。外圈看起来像花瓣一样的地方是花苞，中央才是集结在一起的小花。作为南非共和国的国花，其花语是“王者风范”。是具有象征意义的南非代表性植物。

Petunia

矮牵牛花

安迪·沃霍尔也钟爱的花园装饰

花色美丽，被 19 世纪英国园艺家劳顿称为“完美的花园装饰”。另外，美国艺术家安迪·沃霍尔也曾在自己的著书中提到过：“只要窗边花坛里的白色矮牵牛花里有一朵红色的，就特别惊艳。反之亦然。”

花语

心境平和
与你在一起就心旷神怡

Flower information

品类高达几百种，色泽艳丽

分类　茄科碧冬茄属

原产地　南非

别名　碧冬茄、衡羽根朝颜

开花期　4 — 10月

花色   

Borage

琉璃苣　赋予人勇气的一种花草

名字来源于拉丁语的“棉毛”。作为一种草药，从古时候起就被人用于提高士气的贵重药品使用。正是因为这个理由，花语也与“勇气”有关。花色类似于圣母玛利亚的蓝色长袍，因此也被称为“玛利亚蓝”。

花语

勇气
鼓舞
冷静·聪慧

Flower information

守护花坛的共生植物

分类　紫草科琉璃苣属

原产地　地中海沿岸

别名　琉璃苪苣、玛利亚蓝

开花期　3 — 7月

花色  

松

中国人常说松柏长青、松鹤延年等。
松树在中国象征着长寿。《论语》有记载：“岁寒，然后知松柏之后凋也。”松居于“岁寒三友”之首

花语

顽强
奉献
长寿

对中国人来说，松具有特别的意义，被视为衔接由冬至春的重要树木。由于松是常青树，因此花语是“长寿”。

在中国，把松、竹、梅誉为“岁寒三友”，而中国的文人字画中最常见的也是以松树为主题的作品。

其花朵不为人知，但的确有花朵绽放。制作花环、装点花艺的时候，松枝总是最后的神来之笔。

Flower information
修剪树形是一种乐趣

分类　　松科松属
原产地　北半球
别名　　沼杉
开花期　4 — 5月
花色

Japanese witch hazel

日本金缕梅

既是草药，也是占卜工具，据说拥有不可思议的力量

花名原本有春季山野中“最先开花”的意思，后因有些地方用花开程度来预言丰年，所以也有“祈祷丰收”的含义。

除日本原有品种以外，还有北美原产的金缕梅品种。当地居民曾经把树叶和树皮用来做草药。花语是“祈祷丰收”“魔力”“灵感”等。

花语

祈祷丰收
魔力
灵感

Flower information

早春时节一起绽放

分类	金缕梅科金缕梅属
原产地	日本、北美
别名	金缕梅、满作
开花期	2 — 3月
花色	 

水芭蕉

花叶如花瓣般洁白美丽，安静地挺立在水面中央

——花语——

美好的回忆
不变的美丽

叶片形状类似八角，生长在水边。历史悠久，是从约2万年前冰河时期流传下来的品种。白色像花的部分，实则为叶片，这一点类似薯科植物所常见的变形叶片。棒状突起的部分才是真正的小花簇。

花语是“美好的回忆”。

Flower information
孑然绽放的优美姿态

分类	天南星科水芭蕉属
原产地	日本、勘察加半岛、西伯利亚东部
别名	牛舌
开花期	4—7月
花色	

Flower information

扦插后也能成活的早春花卉

分类　豆科金合欢属
原产地　澳大利亚、塔斯马尼亚
别名　串合欢、银叶合欢
开花期　2 — 4月
花色

金合欢 亮黄色的花朵迷倒了一众画家

花语是“秘密的恋情”，这是因为美国年轻男女相互告白的时候，往往会带上一捧北美原生的金合欢。

金合欢也是宣告春季降临的花朵。3 月 8 日，是联合国确定的妇女节，但在意大利却是“金合欢节”。在这一天，有男性向妻子、恋人、身边的女性赠送金合欢的习俗。

从 19 世纪后半段开始，钟爱描绘植物的法国近代画家奥迪隆·雷动在南法看到盛开的金合欢，感动之余沉迷于把灿烂的黄色融入自己的画作之中，并由此画出了著名的《黄色背景下的树木》。

日本裸菀

姿态气质高雅，曾经安慰过古代帝王的花朵

花名来自遥远的镰仓时代。正如歌谣中所唱到的 :“理不尽的思乡愁，看不厌的白菊忧。”意思是说，看到了这种类似于白菊的花朵，就连思乡的忧愁也能暂时忘却。

现在经过改良，虽然种类繁多，但柔和的氛围和可爱的花朵却始终如一地被人们所喜爱。

Flower information

耐阴耐寒耐旱

分类	菊科裸菀属
原产地	日本
别名	野春菊、深山嫁叶
开花期	4 — 6月
花色	

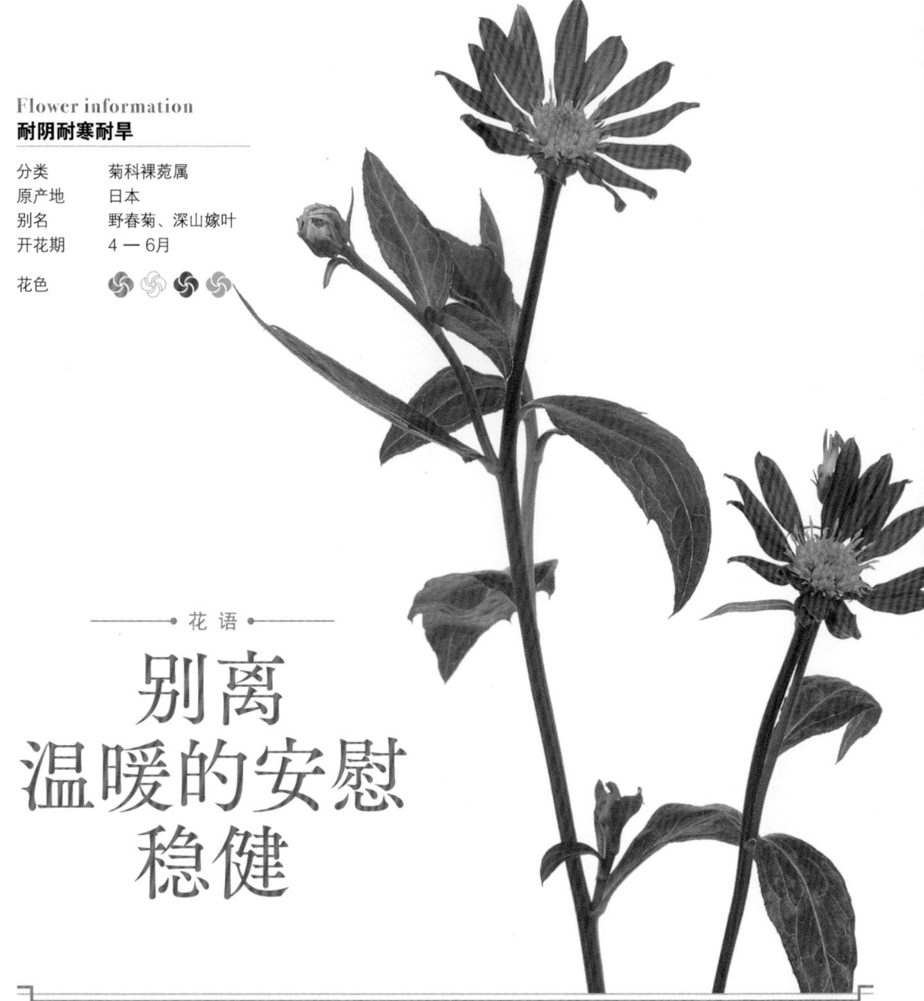

花语

别离
温暖的安慰
稳健

麦

花语

富裕
繁荣
希望

初夏收获，象征着“收获”

种类繁多，但只有大麦才能作为鲜切花来使用。绿色的麦穗常被点缀在花束之中。从古时候开始，麦子就象征着收获，花语也因此而来。

希腊神话中，谷物与大地的女神得墨忒尔经常以手持麦穗的形象出现，所以从很久以前开始，地中海地区就用麦子做成新娘的花环，来祈愿子孙繁盛、作物丰收。与此类似，欧洲也认为麦秆编成的帽子会带来好运。

Flower information

麦穗可以用来制作干花

分类	禾科大麦属
原产地	中东
别名	去年草、越年草
开花期	4 — 5月
花色	

Grape hyacinth

葡萄风信子

强烈的芳香和青紫色的花朵传递着一个悲伤的故事

花名的词源，来自希腊语的麝香。因为原种气味芳香，因此而得名。

与风信子类似，属于球根植物，但因为其紫色圆润的花朵，被称为葡萄风信子。

悲伤的话语来自与其类似的风信子。在希腊神话中，美少年在事故中丢失生命，流出的鲜血浸染了大地。后来，这片土地上开出了紫色的风信子。

Flower information

品类繁多，生命力强大的花

分类	百合科蓝壶花属
原产地	西亚、地中海沿岸
别名	葡萄风信子
开花期	3 — 5月
花色	

花语

失意
悲叹
宽大的爱

诸葛菜

《三国志》中的英雄豪杰们喜爱的十字花科多年生草本植物

与菜花神似的紫色花朵。别名是大紫罗兰花。

另外，据说《三国志》中的著名军事家诸葛孔明，会在士兵出发前安排好粮草，并在出征目的地先行种植这种植物，因此被称为“诸葛菜”。花语“优秀”“智慧的源泉”，应该是来自诸葛孔明的聪明才智吧。

花语

优秀
智慧的源泉

Flower information

种子自由散落，然后不断生息的植物

分类	十字花科大紫罗兰属
原产地	中国
别名	大紫罗兰花
开花期	4 — 5月
花色	

木兰

诗歌绯句中常见的古老花木

花朵酷似兰花，树干高大，因此得名“木兰”。

被誉为世界上最古老的花木，据说在1亿年前的地层中就发现过木兰的化石。花语“持续性”，应该就来自这漫长的历史。花朵向上开放，因此孕育出“对自然的爱”这样的花语。

Flower information

大朵大朵的白色花朵面朝高空绽放

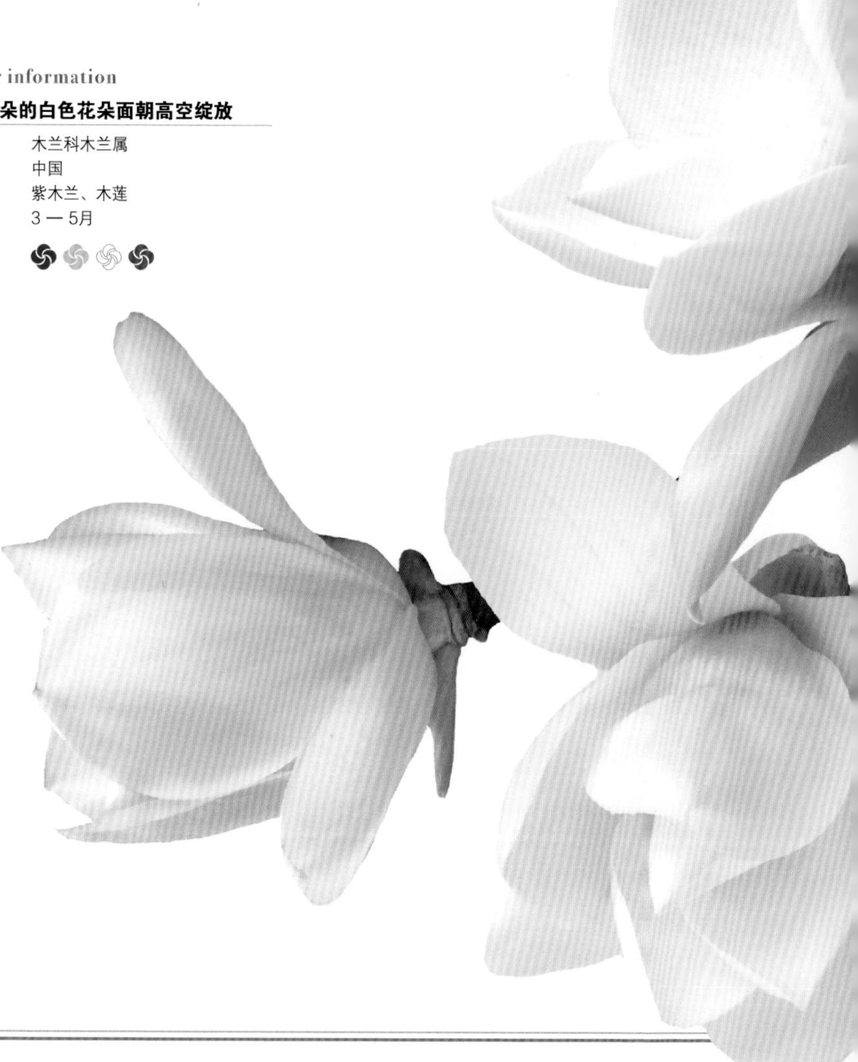

分类　木兰科木兰属
原产地　中国
别名　紫木兰、木莲
开花期　3—5月
花色　

花语

对自然的爱
持续性
崇高

Momi fir

日本冷杉

传递感恩收获的神圣树木

冷杉，从古至今都被视为神圣的树木。花语“高尚·永远”，是因为冷杉无论在怎样的寒冬中都能保持绿色和旺盛的生命力。据说因为基督教的传播，才让人们真正认识到这种常绿植物的珍贵之处。

在德国南部传统的秋季骑行节日中，少女们身着民族服装，头戴冷杉花环，传递着对收获的感恩之情。

花语

高尚·永远
正直·诚实

Flower information
成长迅速，亦可盆栽

分类	松科冷杉属
原产地	日本
别名	臣之木、枞
开花期	4 — 6月
花色	

Maple

枫 由古至今常被作为歌舞题材的植物

枫科枫属的落叶植物，既有高大的品种，也有矮小的品种。一般来讲，只有叶片上有清晰分瓣的品种，才能被称为枫。

在《万叶集》当中，也被称为“黄叶”。这是因为反复揉搓叶子后出现的液体，可以用来渲染黄色的布料。

Flower information
春季里开红色的小花

分类	枫科枫属
原产地	亚洲、欧洲、北非、北美
别名	枫、红叶
开花期	4 — 5月
花色	

花语

重要的回忆
美丽的变化
远虑

桃 驱除厄运的吉祥花卉

吉兆的“兆”字，加上木字旁就是桃字。而在中国的传说中，桃子可是仙人的仙果，象征着繁荣和长寿。

花语是“在你身边”，这是因为圆润丰满的桃子就象征着女性吧，也可以来形容女子的容颜。

花语

在你身边
天下无敌
心情舒畅

Flower information
明亮的花色让春天更加多彩

分类	蔷薇科桃属
原产地	中国
别名	花桃
开花期	2 — 4月
花色	

矢车菊

散发着骄傲的蓝色光芒，是德国的国花

历史悠久，考古学家从约 6 万年前的古墓中发掘出过矢车菊，由此推测当时被当作供花。

18 世纪，当时普鲁士皇帝威廉一世的母亲在带着孩子逃亡的途中用蓝色的矢车菊编成花环，戴在九岁的威廉胸前。后来威廉一世把矢车菊定为国花。

花语“纤细”“优美”，应该是在描绘花朵高贵美好的姿态。

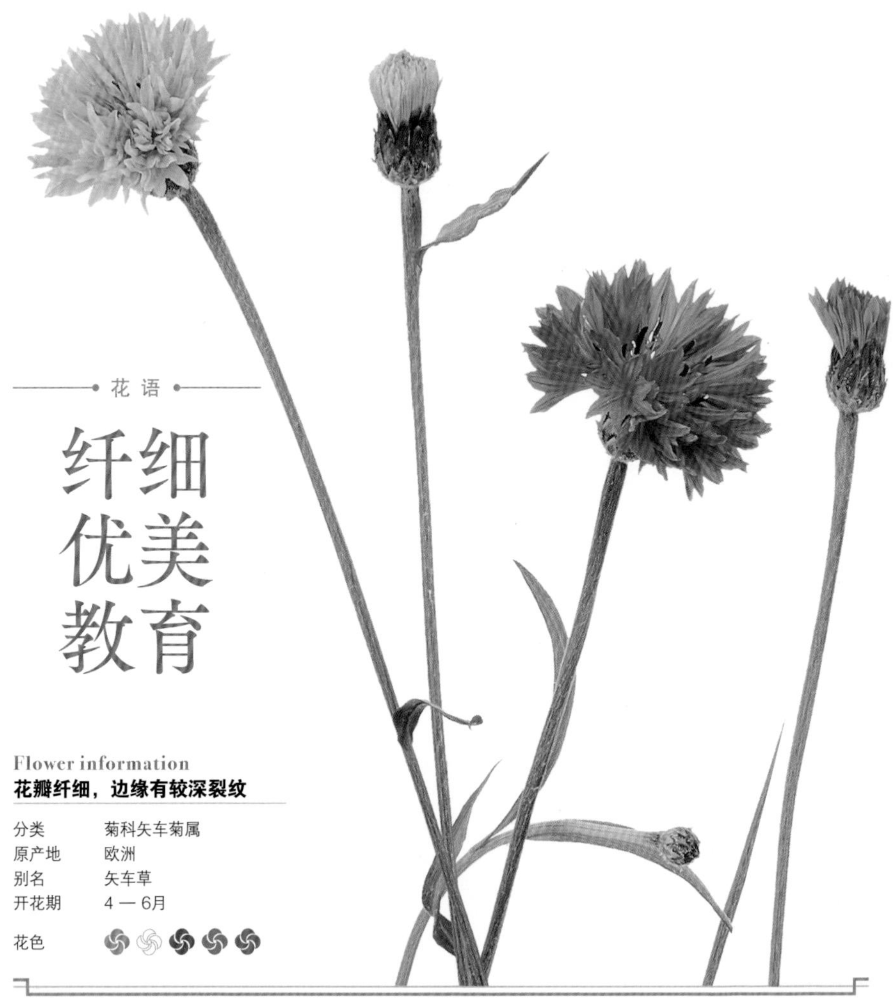

花语

纤细
优美
教育

Flower information
花瓣纤细，边缘有较深裂纹

分类	菊科矢车菊属
原产地	欧洲
别名	矢车草
开花期	4 — 6月
花色	

棣棠

在《源氏物语》中登场的金黄色花朵

枝条柔细，在山间随风摇曳的样子格外动人。也正因为这种“摇摆”和“吹拂”的自然现象，别名叫作“山吹”。在《万叶集》中，以棣棠为主题的歌谣高达 17 首。而紫式部笔下的《源氏物语》中，花瓶中金黄色的棣棠频繁登场。花语来自花朵优美独特的姿态。

就金黄色的花色而言，常被昵称为山吹色。花朵的颜色可以当作和服的染料。

花语

格调崇高
财运

Flower information

原本只有一层花瓣，
但已被开发出花瓣层叠的品种

分类　蔷薇科山吹属
原产地　中国、日本
别名　山振、面影草、山吹
开花期　4 — 5月
花色

Strawberry geranium

花语

深厚的爱情
博爱
爱心

虎耳草

寒冬不枯，雪下生叶

名字来自形似老虎耳朵的花瓣。据说寒冬季节仍然不会枯萎，在冰雪当中叶片也能继续生长。

花语是“深厚的爱情”。叶片有药效，对小儿发热和痉挛有缓解的作用。另有一种喜马拉雅虎耳草的品种，花朵是粉色的。

Flower information

易于栽培，无须担心病虫害

分类	虎耳草科虎耳草属
原产地	中国、日本、朝鲜半岛
别名	雪下
开花期	4 — 5月
花色	

Thunberg spirea

珍珠绣线菊

静悄悄开放的小白花，默默带来春天的告白

枝条像柳树一样细长柔软，开白色的小花，在乍暖还寒的早春，给人一种披了一层雪花的错觉。珍珠绣线菊是带来春季讯息的花朵。花语“可爱”“静静的想念”，正好匹配乖巧的小白花。

花语

可爱
静静的想念
任性

Flower information

低垂的枝条上绽放出别样的美好

分类	蔷薇科绣线菊属
原产地	中国、日本
别名	小米花、雪柳
开花期	3 — 4月
花色	

Yucca

—— 花 语 ——

雄壮
伟大
飒爽

丝兰 美国人直接食用的花

原产于新墨西哥州的花。根据考古学家的考证，古代美国原住民把花朵当作食物。花朵的授粉系统比较特殊，只能以当地一种飞蛾作为媒介来传播花粉。叶片边缘尖锐，被比喻成刀锋，因此花语也充满男性风格。

Flower information
人气十足的观叶植物

分类 天门冬科丝兰属
原产地 北美、中美
别名 青年木
开花期 4 — 10月
花色 

Lilac

紫丁香

被著名音乐家喜爱的天然香氛

名称中自带颜色属性的花。味道甘甜优雅，叶片呈细长的心形，因此也被称为“恋之花”。

俄罗斯音乐家拉赫曼尼诺夫就是紫丁香的忠实爱好者。在他的别墅庭院中，每年5月就是紫丁香肆意绽放的乐园。他由此得到灵感，在1902年创作了钢琴曲《12首歌之5：紫丁香》。

Flower information
穗状花朵散发着浓浓香气

分类 木犀科丁香属
原产地 东欧
别名 紫丁香花、丁香花、莉拉
开花期 4 — 5月
花色   

—— 花 语 ——

爱意萌生（紫）
初恋（紫）
青春的欢喜（白）

Persian buttercup

花毛茛 从十字军开始，广泛流传于欧洲的艳丽花朵

原种生长在湿地地区，叶片形状有点儿类似青蛙腿，故此拉丁语的名字词源就来自“青蛙”一词。与名字的起源相比，花语“闪耀的魅力”要文雅很多，取自柔和的花瓣鲜艳的色彩。

原产地为中东至欧洲东南部。曾由路易九世带到法国，把波斯毛茛送给自己的母亲。这就是毛茛在欧洲盛行的开端。

Flower information

花色各异，魅力十足

分类	毛茛科毛茛属
原产地	欧洲东南部、地中海沿岸、西亚
别名	波斯毛茛
开花期	3 — 4月
花色	

—— 花语 ——

闪耀的魅力
名誉
散发光芒

科金博白棒莲

花蕊独特，别名“太阳的荣光”

原产于智利安第斯山脉的球根植物。个别品种会散发出类似香草和巧克力一般的甜美香气。英文名“Glory of the sun”的意思是太阳的荣光。花语为“温暖的心”“贵妇人”。花色优雅，气味甜美。

花语

温暖的心
贵妇人
坚信的心灵

Flower information

特征是细长的花茎
和星星一样的花朵

分类	百合科白棒莲属
原产地	智利
别名	阳光百合、太阳的荣光
开花期	4 — 5月
花色	

花语

优先（花）
诱惑（果）
名誉（树）

苹果

历史悠久，传说众多

苹果的历史非常悠久，原产地为西亚至高加索地区一带。这个地区可是东西文明开始向不同方向发展的十字路口。

而苹果，就从这里开始，分别传到了欧洲和中国。对于花朵、果实和树木，都有各自不同的花语。针对花朵，花语是“优先”，这是因为花朵盛开之后，就会结出丰硕的果实。

“诱惑”的花语，来自《旧约》创世纪中的故事。伊甸园中的亚当和夏娃偷吃了禁果——苹果，从此遭遇了被流放的命运。

而对于美国纽约这样的大城市，曾经有人将其比喻成大苹果。这个说法来自 1909 年由爱德华 · 桑福德 · 马丁撰写的《纽约旅行者》一书。书中有这样一段描述 :“纽约这样的大城市独占美国的资源，充盈得好像大苹果一样。”无论何时，苹果都与人类密不可分，永远是一种充满魅力的存在。

Flower information

春季绽放小白花，气味甘甜

分类	蔷薇科苹果属
原产地	中亚（哈萨克斯坦南部、吉尔吉斯斯坦、塔吉克斯坦）
别名	西洋苹果
开花期	4 — 5月
花色	

Flower information

自生自灭，不断生长的顽强植物

分类	伞形科阿米芹属
原产地	地中海沿岸、西亚
别名	雪珠花、白缎带花
开花期	5 — 6月
花色	

花语

可爱的心
细腻的感情
感谢

蕾丝花

被世人所爱，如蕾丝般纤细的花朵

花如其名，细小的花朵集结在一起，好像手工编织而成的样子。我们所说的“白色蕾丝花”，均源自澳大利亚的蓝色蕾丝花。英文名为“主教之草”。花语“可爱的心”“细腻的感情”，都是来自花朵细腻纯白的形象。

原产于地中海沿海的温暖地区，但因其美丽的形象被人们带到了世界各地。而因为其顽强的生命力，在世界各地生根开花。

连翘

点缀了春季的黄色花朵

作为传统的中医药材，花朵和果实都能被广泛利用。英文名是“Forsythia”，取自 18 世纪英国皇家植物园的总监 Forsythia 先生。花语为“期待”“希望”，这是因为连翘在早春就以鲜黄色的花朵来迎接新的季节。

活跃于明治到昭和时期的著名诗人高村光太郎很钟爱连翘，在自家庭院中种植了很多连翘。而且据说在他的棺材上也摆放了一枝连翘。而他的忌日，则被称为连翘忌。

花语

期待
希望
遥远的记忆

Flower information

常被用来作植物墙

分类	木犀科连翘属
原产地	中国、日本、朝鲜半岛
别名	连翘空木
开花期	3 — 4月
花色	

迷迭香

现身于《哈姆雷特》中，象征思念的花朵

花名“Rosemary”，来自拉丁语的“水滴”和“海”，原产于地中海沿海。

英国剧作家莎士比亚的代表作《哈姆雷特》中，迷迭香就发挥了重要的作用。哈姆雷特的恋人陷入疯癫状态时，怀抱一捧迷迭香，把自己的哥哥误认为哈姆雷特，说出“我的爱人啊，永远不要忘记我”的情话。迷迭香是一种可以激活记忆力的草药，因此而来的花语为“追忆”。

花 语

你唤醒了我不变的爱

追忆

Flower information

淡蓝紫色的花朵，香气十足

分类	唇形科迷迭香属
原产地	地中海沿岸
别名	海洋之露
开花期	4 — 5月、9 — 10月
花色	 

勿忘我

澄清的蓝色让人印象深刻，象征着爱与诚实

从古时候开始，勿忘我在欧洲就象征着“诚实的心情和友谊”。花名和花语都来自中世纪德国的虐恋往事。

年轻的骑士鲁德尔夫到多瑙河边为恋人贝尔塔摘花，却不幸被河水卷走。但在他掉入河中的一瞬间，却把花束扔给了贝尔塔，并留下“别忘了我”的遗言。据说，贝尔塔一生都视勿忘我为最重要的花朵。后来，勿忘我就成了花的名字，并被如实地翻译成了各国的语言。

花语

勿忘我
真实的爱
真实的友情

Flower information

需要格外注意不耐热、不耐旱的特性

分类	紫草科勿忘草属
原产地	欧洲、亚洲
别名	姬紫、琉璃草
开花期	3 — 6月
花色	

春季花卉摆台

Spring flowers

介绍“花艺装饰”中的摆台手法之一。这种手法使用自然素材制作花艺，充分体现春意盎然。

把细长的叶子捆在一起制作底座

日本鸢尾，别名蝴蝶花，是鸢尾科的草本植物，叶片细长，形态别致。选取几枚叶片，把长度修剪一致，捆成一束，就完成了鲜绿色的新鲜底座。横向插入花朵，华丽程度不亚于精致的花坛。全年都能入手日本鸢尾的叶子，也是件挺开心的事情。

如何制作

How to make

1 剪断日本鸢尾的细长叶子，打成捆，从两侧插入牙签固定。

2 左、右两部分的牙签互相插入另一捆叶片中，调整间隙。

3 放入盛水容器中。

4 在间隙处插花。

花朵在风里摇曳，与新绿一起演绎春天的降临

选择三色堇等色彩缤纷、形态可爱的花朵，搭配黑种草等叶片纤细的花朵。为便于植物吸水，要确保花茎底部接触到水分。

设计 / 广野德子

花材案例 / 日本鸢尾、郁金香（球根）、三色堇、黑种草、百里香

推荐花卉种类 / 花茎纤细、花朵小巧的品种

花卉与电影

Flowers and movies

花木在电影中体现的作用

川崎景介

在很多电影中，花与树都或多或少地承担着重要的使命。

世界闻名的黑泽明导演，在其作品《梦》中融入了几件自己曾经做过的梦。其中之一《桃园》，讲述了少年在桃园中偶遇桃精的故事。桃精因为有人看到了桃园中所有的桃树，愤怒不已，迁怒于少年，并说再也不会回到这里。而少年则因为“再也无法看到桃花盛开”而由衷地留下了悲伤的泪水。泪水感动了桃精，他们跳起了高贵的舞蹈，并在离开前留下了一棵开花的树。画面中桃花花瓣散落，令人印象深刻。

《这个杀手不太冷》中，莱昂每次搬家都带着那盆绿植——银皇后（叶色美丽，特别耐阴），它的花语是仰慕，此花出现在影片中，正寓意了玛蒂尔达对莱昂的仰慕。此外，还有《大鱼》中的黄水仙,《贝拉的奇幻花园》中的向日葵,《明亮的星》中的鸢尾……

在电影中，一花一木皆世界。花木不仅是在某个镜头中的道具，更是衬托了主人公性格特点和人物使命的重要配角。

第2章

夏

Summer

Agapanthus

百子莲 被冠以“爱之花”之名，用于赠送爱人的花朵

花名来自希腊语中的“爱”和“花”。因此，与恋情、爱意相关的花语众多，古时候起就在欧洲被视为代表爱情的花朵，用于向爱人表达情意。细长的叶片富有光泽，纤长的花茎顶端有 30~50 朵小花排列成放射线状一起绽放。有单层花瓣的品种，也有多层花瓣的品种，颜色有蓝有紫。梅雨时节的时候，总给人带来舒爽的惬意。利用纤长的花茎，可以搭配各种清新的配饰。

花语

恋情到访
爱意来临
情书

Flower information

纤长的花茎给人留下凉爽的印象

分类	石蒜科百子莲属
原产地	南非
别名	紫君子兰
开花期	5 — 8月
花色	

虾膜花

在古希腊，其形象深受雕刻家的喜爱

虾膜花叶子的形象，常见于希腊建筑和文艺复兴建筑中的装饰花纹，这也是其花语的由来。典故来自古希腊建筑上的科林斯柱式装饰。当时的建筑家卡利漫裘斯在一位少女的墓前看到了盛放供品的篮子，篮子的叶片就是由虾膜花的叶子编成的。卡利漫裘斯惊叹于叶片的强韧，之后把叶片的形象融入了自己的设计中。其生命力之顽强，可以在叶片完全折断后仍然从根部重新发芽。冬季也能保持叶片的靓丽，点缀冬季寂寞的庭院。

花语

艺术技巧

Flower information

宽大的叶片向四方伸展，姿态优雅可人

分类　爵床科老鼠簕属
原产地　欧洲南部、非洲西北部
别名　蛤蟆花
开花期　6—7月
花色　

Achillea, yarrow

蓍草　被勇者捧在手心的诚意之花

希腊神话中的英雄阿喀琉斯在特洛伊战争中战胜了敌军的女指挥官，但随即就手持蓍草向其表达了敬意。另外，据说蓍草还被用于治疗士兵的伤患。在欧洲，大家都相信蓍草叶子的形状有驱散恶魔的力量，所以也被用于婚礼花束。

花 语

战争・勇敢
治疗
真心

Flower information
具有多种药效的草药

分类	菊科蓍属
原产地	北半球温带
别名	西洋锯草
开花期	5 — 8月
花色	

Ageratum, Floss flower

紫花霍香蓟

不会褪色，被喻为永远的美丽与幸福

从初夏到秋季之间不断开放，花期长，花色不会消退，因此希腊语名字的词源是“不老”，花语也由此而生。花朵蓬松，手感独特。花形略似大蓟，别名为“霍香蓟”。

Flower information
常被用于花饰的辅材

分类	菊科霍香蓟属
原产地	中南美热带地区
别名	霍香蓟
开花期	5 — 10月
花色	  

花 语

永久的美丽
信赖
欢乐的日子

Ipomoea nil

牵牛花 春天播种，夏秋开花，花形酷似喇叭

牵牛花还有一个俗名“勤娘子”，因为它也是一种很勤劳的花。当大公鸡刚刚鸣叫时，一朵朵形似喇叭的牵牛花就开放起来。晨曦中人们一边呼吸着早上的清新空气，一边观赏着不同颜色的花朵，真是惬意啊。

花语“无果的恋情”，因为这是一种清晨开放、下午凋谢的品种，花期很短。而“牢固的羁绊”，则来自牵牛花要在稳固的支柱上攀爬生长的习性。

Flower information

品种繁多，花期多样

分类	旋花科牵牛属
原产地	亚洲热带地区、喜马拉雅山麓
别名	喇叭花、朝颜
开花期	7 — 9月
花色	

花 语

无果的恋情
牢固的羁绊
爱情

绣球花 西博尔德钟爱的神秘之花

名字的词源来自蓝色小花围成一团的样子，后来这种花形又被人们视为“聚财”的象征。直到现在，有些地方的商铺也会在门前悬挂绣球花，以祈祷生意兴隆、财源广进。而逐渐变色的花朵，被引申成“变心 · 移情”的花语。看起来像花瓣的部位，实为 4 片花萼，有些人会把这个特征比喻成虐恋的象征。

绣球花的原产地在日本，18 世纪传入欧洲，后经品种改良。品性喜水，英文和希腊名字中都含有“盛水容器”的意思。德国医生西博尔德在日本生活期间遇见了挚爱的妻子楠本泷，为了纪念她，特意把绣球花带回了欧洲。多么浪漫的故事啊。

花语

变心·移情
冷酷
坚韧

Flower information

种类繁多，
全年均可作为鲜切花使用

分类	绣球花科绣球属
原产地	日本、东亚
别名	七变化、紫阳花
开花期	5 — 7月
花色	

Masterwort

大星芹

融入美好的心愿，像繁星被点缀在桌面上

花形独特，像小星星一样的部位其实是花苞。而位于中心、聚拢成半球状的小花才是真正的花朵。花名取自希腊语中的“向星星许愿”。花名也好，花语也好，都跟小星星一样的花形有着密不可分的关联。

原产于地中海沿岸和西亚地区之间的干燥区域，原本花内水分就少，因此适合用来制作干花。花语“爱的渴望”，想来与此有关。

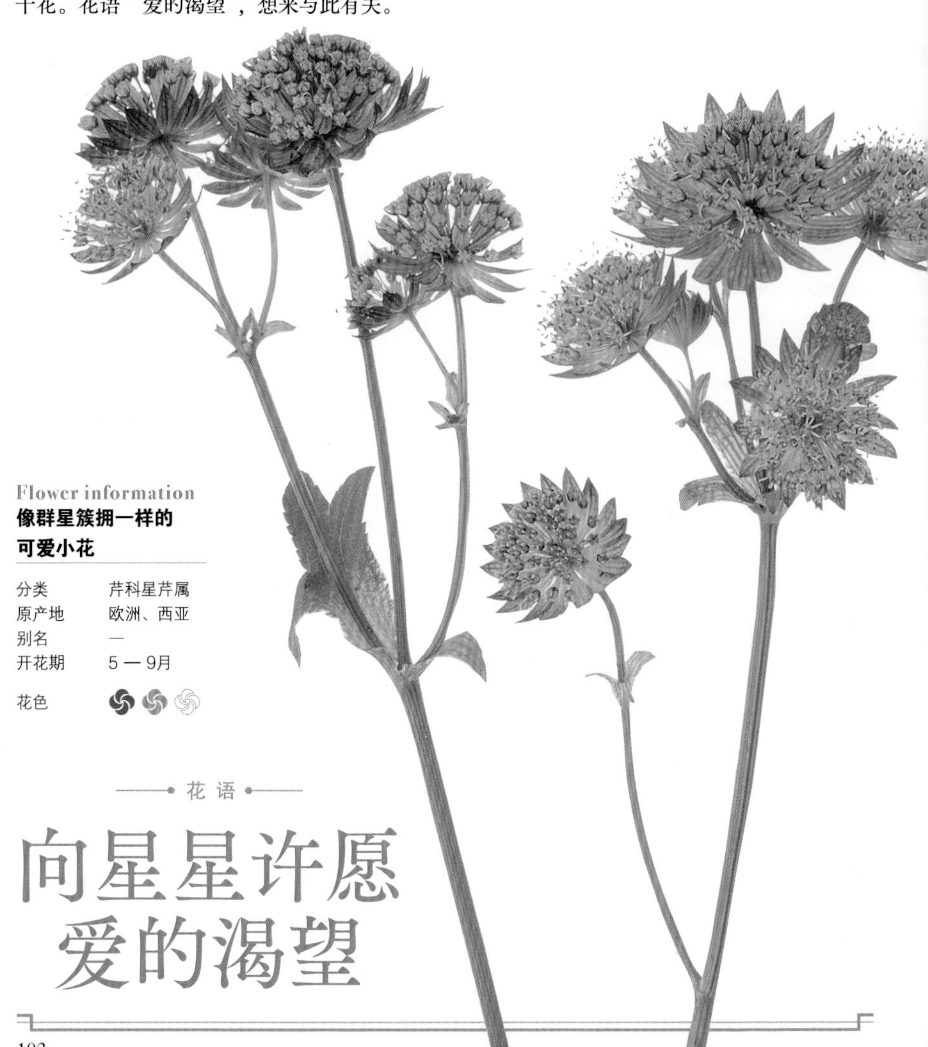

Flower information

像群星簇拥一样的可爱小花

分类 芹科星芹属
原产地 欧洲、西亚
别名 —
开花期 5 — 9月
花色

花语

向星星许愿
爱的渴望

China aster

Flower information
适合用来制作婚礼花束的洋气品种，种类丰富

分类　菊科翠菊属
原产地　中国北部
别名　虾夷菊
开花期　5 — 7月
花色

翠菊

少女怀春的心情，都在这一朵可爱的小花里

花朵朴素，有单层花瓣，也有多层花瓣，俏丽可爱。颜色方面，从原色到中性色，多种多样，花语“变化”就来自花色的多彩性。想必大家都用翠菊的花瓣做过“喜欢、不喜欢、喜欢”的恋情占卜。花语“坚定的心”就来于此。

花语

变化
坚定的心
美好的回忆

Perennial spiraea

落新妇

雨过天晴的时候风情万种，日阴笼罩的时候华丽多彩

适合用在半日阴的地方作绿荫花园。越是阴雨连绵，越是能感受到这种花的风情，而雨后的美丽也格外有特色。花茎纤细，每一根花枝上都开满小小的花朵，好像绵密的泡沫一般。这个样子，被人们比喻成花语“恋情到来”。经过品种改良后，花朵大小和颜色都发生了很多变化，在全球范围内备受人们喜爱。

花语

恋情到来

Flower information
适用于自然的野草风搭配

分类　虎耳草科落新妇属
原产地　东亚、北美
别名　泡盛草、乳茸草
开花期　5 — 7月
花色

Amaranthus, Love-lies-bleeding

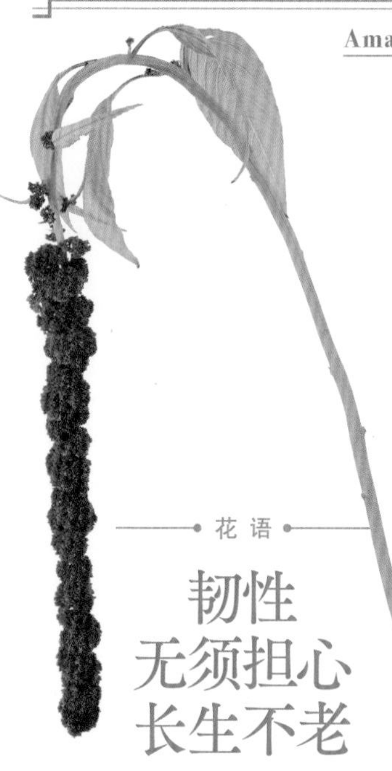

苋

被人们热议的超级食物，“永不枯萎”的花

聚拢开放，花穗干燥以后也不会枯萎，因此被誉为“永不枯萎”的花，花语也与此特征有关。公元前开始，南美地区就已经在种植这个品种，而且种子还被当作非常重要的谷物之一。近年来，国内也开始关注这种被誉为“超级食物”的谷物了。

花语

韧性
无须担心
长生不老

Flower information
独特的低垂姿态

分类	苋科苋属
原产地	美洲热带地区、非洲
别名	尾穗苋、仙人壳
开花期	7 — 11月
花色	 

Siberian iris

西伯利亚鸢尾

彩虹女神带来的喜悦信息

别名“溪荪”，来自希腊神话。侍女伊里丝被众神之王宙斯的求爱搞得不厌其烦，不得已化身为彩虹。在基督教中，3个花瓣被喻为三位一体，锐利的叶子被联想为耶稣受难，因此这种花也被喻为圣母的慈爱。

Flower information
花瓣中的黄色花纹非常独特

分类	鸢尾科鸢尾属
原产地	包含日本在内的东北亚
别名	溪荪
开花期	5 — 6月
花色	

花语

吉祥
希望

Lady's mantle

羽衣草

拥有不可思议的力量，被用于炼金术

在阿拉伯语中，羽衣草的名字有“炼金术”的意思。人们认为羽衣草叶子上的露水有神奇的魔力，因此中世纪的时候人们会从羽衣草上采集露水用来炼金，花语“光辉”也是在形容雨水和朝露熠熠生辉的样子。英文名，取自形似圣母玛利亚模样的叶片。

花语

光辉
初恋

Flower information
烘托各种花材的优秀配角

分类	蔷薇科羽衣草属
原产地	欧洲东部、西亚
别名	西洋羽衣草
开花期	5 — 6月
花色	

Anthurium, Flamingo lily, Tail flower

红掌

见过就再也难以忘记的热情之花

看起来像花瓣的心形部分，是天南星科植物特有的佛焰苞。而中间的柱状部分才是紧紧依靠在一起的花朵。花语来自有热带地区原生植物所独有的热情印象。独特的色彩、散发着蜡质光芒的佛焰苞、精致的花柱，真是让人印象深刻。

花语

热情（红）
烦恼

Flower information
满满的热带风情

分类	天南星科花烛属
原产地	美洲热带地区
别名	大红扇、火鹤花
开花期	6 — 7月
花色	    

Fig tree

无花果

结出圆润的果实，常在神话故事中登场的“生命之树”

名如其实，“无花果”的花朵被隐藏在果实中。花语来自一棵树上会结出很多果实的自然特征。在沙漠中旅行的人，亲切地称呼其为“生命之树”。据说亚当和夏娃当年就是用无花果的叶子遮挡身体的。同时，无花果也被用来象征最终原谅了他们的圣母玛利亚。

花 语

多子多孙
能开花结果的恋情

Flower information

结出果实的过程缓慢且悠长

分类　桑科榕属
原产地　阿拉伯半岛南部、地中海沿海
别名　映日果
开花期　6 — 9月
花色　（果实内部的颜色）

Iwa-tsumekusa

多花繁缕

在静默中绽放，充满魅力

分布在日本本州中部地区，生长于高山岩石缝隙之中。紧贴着岩壁生长的样子，被引申为“初恋”“内敛的烘托”等花语。5 枚花瓣，分别有清晰的深裂，所以看起来好像有 10 枚花瓣一样。因其高山植物的性质，市面上几乎不可见。

Flower information

治愈登山者的小白花

分类　石竹科繁缕属
原产地　日本（本州中部的高山）
别名　岩爪草
开花期　7 — 9月
花色　

花 语

初恋
内敛的烘托

溲疏

被一众歌曲所咏颂，宣告夏季降临的花朵

通常在阴历四月前后开放，别名“卯花”。从阴历四月开始，夏季就要到来，因此很多歌曲都把溲疏当成夏季将至的代名词。特别是乖巧的小白花密集开放的样子，被联想成自然界中的雪花、波浪、层云等，这些美好的比喻也常常出现在歌曲等文艺作品中。花语“秘密”，源自花茎中间的空洞。另外，花语“古风”则来自其古色古香的花朵。

花语

风情
秘密
古风

Flower information

让人联想到古风美女的花形

分类　绣球花科溲疏属
原产地　中国、日本、朝鲜半岛
别名　卯花、空木
开花期　5 — 6月
花色　 

Eryngo, Sea holly

刺芹

美丽与强大并存的独特个性

花朵被带刺的长长花苞包裹其中，叶片像冬青一样棱角分明，花瓣仿佛干枯了一样但却充满光泽，这是何等独特的品种啊！花语“秘密的爱”“秘密的思念”，都来自花苞和叶片的形象。独特的花形，非常适合用来制作干花。

花语

秘密的爱
秘密的思念
追求光明

Flower information

顽强的美丽

分类　　伞形科刺芹属
原产地　欧洲、西亚、南美、北美
别名　　假芫荽、野香草
开花期　6 — 8月
花色  

Four o'clock, Marvel of Peru

紫茉莉

艳丽别致，别名“晚妆”

原产于南美，种子是黑色的，但却可以磨出白色的粉末，因此日文名叫“白粉花”。下午 4 点左右开花，这正是英文名的由来。花语来自下午开花，仿佛要避开人们的目光一样的特性。

花语

胆小
内向
对恋情的怀疑

Flower information

一棵植株上可以开出不同的花色

分类　　紫茉莉科紫茉莉属
原产地　南美
别名　　晚妆、白粉花
开花期　7 — 10月
花色   

Columbine

耧斗菜 在绘画作品中大展身手，拥有独特美感

看起来花瓣分了 3 层，实际上，最外侧的突起是花距，中间一层是花萼，最里面仿佛即将闭合的部分才是花瓣，造型非常独特。

花语“愚蠢”，英文名“Columbine（像鸽子一样）”，均来自 18 世纪舞台剧中一位少女的名字。在 18 世纪的荷兰，画家流行使用鲜花来临摹“花卉画”，而当时最风光的主角就是耧斗菜。而且中世纪以后以宗教为主题的绘画作品中，也常常会出现耧斗菜的形象。

Flower information

日本的原产品种也非常受欢迎

分类　毛茛科耧斗菜属

原产地　日本、东亚、欧洲

别名　丝纵草、苧环

开花期　5 — 6月

花色

花 语

愚蠢

胜利的决心（紫）

担心到浑身颤抖（红）

橄榄

柏拉图说，“神将橄榄和大理石赐予了人间”

在《旧约》创世纪的诺亚方舟故事中，诺亚在洪水之后放飞了一只鸽子，当看到鸽子叼回了橄榄枝的时候，诺亚知道洪水已经消退了。从此，橄榄的花语就成了“和平”。而“智慧”，则来自希腊神话。据说，智慧女神雅典娜与海神波塞冬为了各自领地发生了纷争，而宙斯为了调停二人的纷争，让他们去解决一个“为人类创造有价值的东西”的课题。雅典娜为此创造了橄榄，从而获得了胜利。

花语

和平
智慧

Flower information
小巧可爱的白花

分类　橄榄科橄榄属
原产地　地中海地区
别名　—
开花期　5 — 6月
花色　

柿子

拥有美好的寓意，中规中矩的果实

在中国已有 3000 多年的栽培历史，其不仅被当成食物，还具有很高的药用价值。柿子的加工在中国也有近千年的历史，被人们广泛地制作成柿饼。北宋诗人张仲殊赞美柿子："味过华林芳蒂，色兼阳井沈朱，轻匀绛蜡里团酥，不比人间甘露。"

花语

自然美
优美
恩惠

Flower information

家庭果园的人气品种

分类　柿子科柿子属
原产地　东亚的部分地区
别名　—
开花期　5 — 6月
花色　

杜若

常见于名贵的屏风绘图，是一种在水边摇曳的花卉

别名“燕子花”，因为花朵的形态有点儿类似小燕子翩翩起舞的形象。花语来自燕子带着幸福飞来的典故。在《伊势物语》中，描述过在原业平赶赴东方的途中，一边爱抚杜若一边思念留在家里的爱妻的场面。据说尾形光琳笔下的《燕子花图》中，在金色背景的衬托下摇曳生姿的杜若就来自这个桥段。

花 语

幸福
纯洁
凄美

Flower information

蓝紫色的花瓣中央有白色条纹

分类　鸭跖草科杜若属
原产地　中国、日本、朝鲜半岛、西伯利亚
别名　燕子花
开花期　5 — 6月
花色  

Wood sorrel

酢浆草

被用于武家家徽的可爱花朵

酢浆草，是一种在阳光灿烂的地方开出艳丽的黄色小花的品种。花语是“闪耀的心”。它拥有惊人的繁殖能力，喜向阳，喜暖湿的环境。

花语

闪耀的心
欢喜

Flower information

叶子类似三叶草的黄色小花

分类	酢浆草科酢浆草属
原产地	温带至热带地区全境
别名	镜草、酸浆草
开花期	5 — 10月
花色	

Japanese bush cranberry

三裂叶荚蒾

白色的小花结出鲜红的神之果实

5—6 月之间，小花聚拢开放，形成半圆形。秋季，则会结出鲜红色的果实，花语“结合”就是来自这种特质。树枝坚硬，用于制作铁锹把。鲜红的果实可用于制作染料等广泛的用途，被古代的人们认为是上天的恩赐。

花语

结合
不要无视我

Flower information

小白花和小红果
都有各自的魅力

分类	五福花科荚蒾属
原产地	中国、日本、朝鲜半岛
别名	四叶花
开花期	5 — 6月
花色	

马蹄莲

花形简约优美，恰如其分地烘托出新娘的完美无瑕

花茎笔直地向上伸展，开出的白色花朵就好像新娘洁白的婚纱。因此，作为新娘的手捧花，马蹄莲具有无可比拟的优势。花名来自希腊语的“特别讲究的美好”。花语来自冷傲的花形。原产于南非，被当地人称为“猪耳朵”。貌似花瓣的地方其实是叶子变成的花苞，中间的柱状部分才是真正的花朵。现在除了白色马蹄莲之外，还出现了粉色、橙色，以及紫色的马蹄莲。

花语

凛然之美
少女的贤淑

Flower information

在神话中被女神嫉妒的美貌

分类　天南星科马蹄莲属
原产地　南非
别名　海芋、阿兰拖海芋
开花期　4 — 7月
花色

美人蕉

盛夏里挺胸昂头的热情花朵

花语是“热情”“快活”。鲜艳而笔挺的花形绝不会输给盛夏的烈日。据说哥伦布在发现美洲大陆的时候，也发现了这种花，当下便赋予其“热情”的花语。花语“幻想”来自其美丽到不真实的外表。花名在拉丁语中意为“苇”。

传说佛陀被恶鬼袭击，脚趾受伤，流出的血液染红了大地，之后这片土地上就开出了美人蕉。

花语

热情
快活
幻想

Flower information

与热情骄阳遥相呼应的花色

分类　美人蕉科美人蕉属

原产地　美洲热带地区，亚洲热带地区

别名　美人蕉

开花期　6 — 10月

花色

桔梗花

作为秋日七草之一，也是日本的象征

夏季开花。在《万叶集》中作为秋日七草被歌颂，并被称为“朝貌之花”。朝鲜以桔梗为清高。我们熟悉的《桔梗谣》所描写的就是这种植物。其用途广泛，不仅可供观赏，还可入药。英文名来自其如气球般圆润的花苞。

花语是“永远的爱”，因此在西方的传说中，常常用桔梗来形容一辈子都期待恋人早日归来的女性形象。花语“清澈”“气质”都来自花形。

Flower information

美丽的紫色星形花

分类	桔梗科桔梗属
原产地	中国、日本、朝鲜半岛
别名	铃铛花、苦根草
开花期	4 — 8月
花色	

花语

永远的爱

清澈（紫）

气质（白）

夹竹桃

战后复苏的象征，代表着不屈的生命力之危险的美丽

“夹竹桃”的名字来自像竹叶一样的叶片和像桃花一样的花朵。与温柔可爱的外观相反，花、叶、枝、根、果实都有剧毒，而且这种毒性甚至会侵蚀周围的土壤，花语都来自这种毒性。但是生命力相当顽强，可种植在干燥地区或大气污染严重的路边。.

—— 花 语 ——

危险的爱
注意
用心

Flower information

通常是粉色，但也有白色或黄色品种

分类　夹竹桃科夹竹桃属
原产地　印度
别名　柳叶桃
开花期　6 — 9月
花色  

Snapdragon

金鱼草

像成群结队的小金鱼在空中飞舞、嬉戏

圆滚滚的花朵好像小金鱼一样，因此而得名。英文名有“啮龙”的意思，来自花朵的形状类似张开的龙口。花语来自一朵一朵的花都向各自的方向盛开。

拥有强烈的香味，气息独特。德国人相信这种花可以驱魔，所以常常吊挂在家畜小屋的门前作守护符。

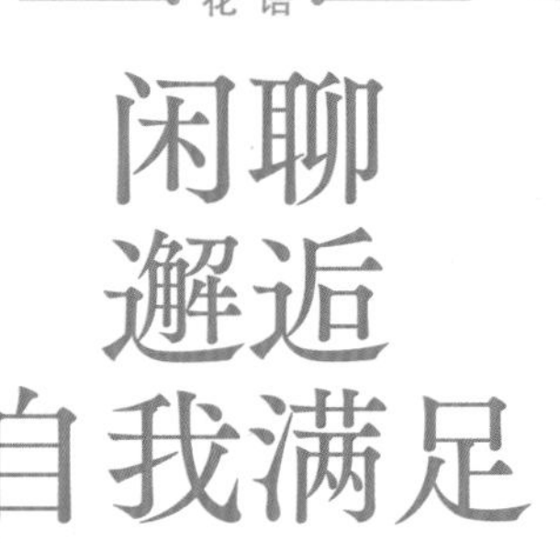

花语

闲聊
邂逅
自我满足

Flower information

可欣赏到多种颜色和形状的花

分类	车前科金鱼草属
原产地	地中海沿岸
别名	金鲜／啮 龙花
开花期	4 — 6月
花色	  

香桃木

美之女神也将其佩戴在头上，宛如白银般可爱的花朵

花开的样子宛如纯白色的梅花，因此也被称为“银梅花”。在希腊神话中，英雄帕里斯在称赞美之女神阿芙罗狄蒂的美貌高居众神之首的时候，阿芙罗狄蒂头上就佩戴了一朵香桃木，花语“高贵的美丽”就来自这段神话。另外，香桃木也常被用于婚礼花束，这正是花语“爱”“爱的絮语”的由来。

花语

高贵的美丽
爱
爱的絮语

Flower information

银针一样纤长的雄蕊非常具有特色

分类　桃金娘科香桃木属
原产地　地中海沿岸
别名　银香木、银香梅、银梅花
开花期　5 — 6月
花色

Common gardenia, Cape jasmine

栀子花 象征着电影《旅情》的浓香花卉

深绿色的叶子和纯白色的花朵，搭配在一起典雅且美丽。1955 年，知名女星凯瑟琳·赫本主演的电影《夏日时光》当中，栀子花的登场就起到了非常重要的作用。电影讲述了在美国从事秘书工作的意大利姑娘贝尼斯在旅途中遇到了浪漫恋情的故事。在一幕场景中，男主角带着栀子花，追逐贝尼斯乘坐的即将发出的列车。但遗憾的是，因为一步之遥的距离，栀子花终究没有交到贝尼斯的手中，而贝尼斯也在遗憾中渐行渐远。花语“传递喜悦”，应该就是来自这令人难忘的一幕。

花语

非常幸福
传递喜悦
优雅

Flower information

纯白色的花朵散发出浓郁的芳香

分类　茜草科栀子属
原产地　中国、日本西南部、菲律宾
别名　栀子
开花期　6 — 7月
花色

Flower information
让夏季花坛色彩缤纷

分类　鸢尾科唐菖蒲属
原产地　非洲、地中海沿岸、西亚
别名　唐菖蒲、阿兰陀菖蒲、荷兰彩芽
开花期　3 — 5月（春季开花）
　6 — 11月（夏季开花）
花色 

剑兰

秘密约会时的接头暗号

形似百合，高挑的叶子特点鲜明，名字来自拉丁语的“小匕首”。英语名字意为“剑百合”，多少有些随时准备战斗的感觉，因此花语是“胜利”。

另外，古代欧洲的年轻人要掩人耳目地去秘密约会时，会用剑兰的枝数来传递见面的时间，因此花语也有“密会”的说法。花朵华丽，经过改良后出现了新的花色，给人耳目一新的感觉。

剑兰花期较长，花朵富贵，将其送给长辈有祝福的意思。

花语

胜利·密会
健康长寿
节节高升

Gold sticks, Drum sticks

金槌花

在风中仿佛能听到金槌花发出的木琴声

颜色鲜亮，引人注目。因为没有花瓣，所以不仅花期长，还能用来制作永生花。花语是“永远的幸福”。花名源自希腊语中的“围墙”。这是因为在花开之后生长出来的冠毛形似小房子。

花语

个性
打开心门
永远的幸福

Flower information
黄色的圆形休闲风

分类	菊科金槌属
原产地	澳大利亚、新西兰
别名	鼓槌菊、黄球
开花期	6 — 9月
花色	

Clematis, Leather flower

铁线莲

斯博路德传到欧洲的鲜艳花朵

原本欧洲境内没有铁线莲。一位对植物学非常感兴趣的德国医生斯博路德，从长年生活的日本回国的时候，把铁线莲带回了故乡。花语的词源是希腊语中的“垂吊”。花语“精神之美”，来自纤细但却异常美好的花枝特征。

花语

精神之美
清廉的心
旅人的欢喜

Flower information
被誉为“藤蔓植物的女王”

分类	毛茛科铁线莲属
原产地	中国、日本
别名	铁线、风车
开花期	4 — 10月
花色	  

Cockscomb, Wool flower

鸡冠花 不仅可爱，而且实用

汉字名字为“鸡冠”，因为别具特色的花形和花色就像是栩栩如生的雄鸡冠，花语也来自这独特的花形。

夏秋季开花，花多为红色，呈鸡冠状，享有“花中之禽”的美誉。喜阳光，不耐霜冻。现在被中医用于止泻、止血，被工匠用来染色等方面，可谓用途广泛。

Flower information
绒毛质感惹人喜爱

分类	苋科青葙属
原产地	印度、亚洲热带地区
别名	老来红、笔鸡冠、鸡头
开花期	7 — 10月
花色	

花 语

真爱永恒
鸿运当头
美好幸福

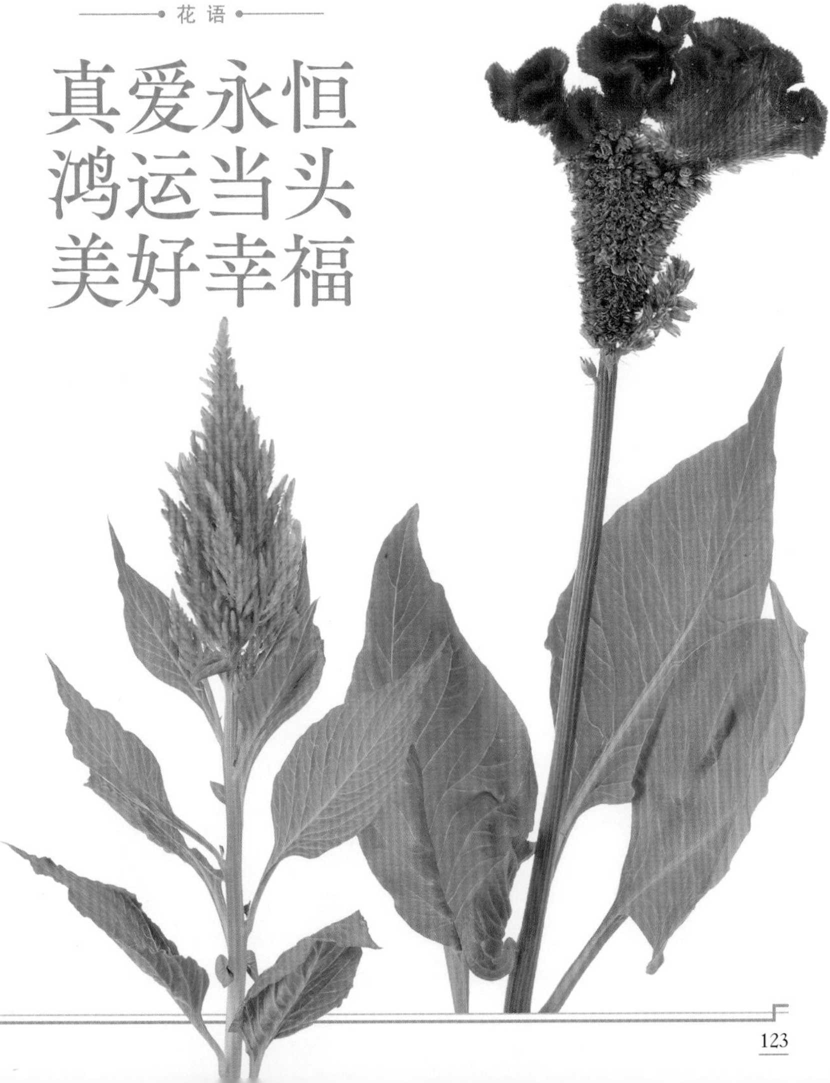

Dutchman's pipe cactus

昙花 昙花一现，精美一时

作为仙人掌科植物，只能在夏季深夜开出通体洁白的花朵，而开放的时间不过几个小时而已。开花的时候，散发着优雅的香甜味道，但也不过是一夜即逝，花语就来自这转瞬即逝的美好。

昙花在世界各地广泛栽培，在中国各省也是常见植物。因其奇特的开花习性，常博得花卉爱好者的浓厚兴趣。

昙花不仅外形优美，据说成分也有益于人的健康，因此会被用来做汤、拌菜，甚至会被用来泡酒等。

花语

刹那间的美好 一瞬间的永恒

Flower information

高贵的香气和姿色点缀了夏夜的梦

分类	仙人掌科昙花属
原产地	墨西哥热带雨林地区
别名	琼花月来香、月下美人
开花期	6 — 10月
花色	

Pomegranate

石榴　深受伊斯兰王朝创始人喜爱的花朵和果实

早在 16 世纪初期，奠定了伊斯兰王朝莫卧儿帝国的巴布尔，在历经多次战役之后，定居在现在的阿富汗首都喀布尔。此后，巴布尔虽然过着平静的生活，但好像为了忘却杀伐征战的日子一样，整日沉浸于庭院园艺中。在当时的记述文献中，留下了“进入秋季以后，石榴树渐渐变黄，但赤红色的果实却仿佛战士身处战壕之中的壮丽身姿”。

的确，石榴的果实令人印象深刻，但其实花开时节却是在夏季。花语来自美丽的花朵和果实成熟后的圆润感。另外，由于果实中有大量的种子，被誉为“子孙满堂”。

花 语

富贵吉祥
子孙满堂
红红火火

Flower information

“红一点”的词汇就源自石榴花

分类	石榴科石榴属
原产地	阿富汗、土耳其、伊朗、喜马拉雅
别名	山力叶、丹若、柘榴
开花期	6 — 7月
花色	

Satsuki azalea

皋月杜鹃

与杜鹃鸟一起在初夏时节放声歌唱

5月开花，官方名称为“杜鹃”。因为这时候正好也是杜鹃鸟开始歌唱的时节。与常见的杜鹃花的区别在于花与叶的大小。无论花还是叶，皋月杜鹃都较小一些。

花语“节制”，是因为其喜好深山中岩石表面等比较严苛的生长环境、对水量的要求并没有很多的性质。

花语

节制
节约

Flower information

生命力顽强，易于生长，能在春夏交接之际让庭院饱满起来

分类　杜鹃科杜鹃属
原产地　日本
别名　杜鹃花、皋月
开花期　5 — 6月
花色

Crape myrtle

大花紫薇

花名来自中国传说中的悲情故事

如花语所示，整个夏季里花朵始终开放。也正是因为这个特征，在中国也被称为“百日红”。名字来自中国的一段悲情传说。一位身份显赫的男性承诺恋人百日后再次相见，但其恋人却至死都未再见到自己的心上人。据说在恋人死后，她的墓地上长出两棵紫薇树，一朵开白花，一朵开红花，象征着百日后再次相见的约定。

Flower information

盛开百日从不间断的健康花朵

分类　千屈菜科紫薇属
原产地　中国南部
别名　百日红、猿滑
开花期　7 — 8月
花色  

花语

爱的誓言
怀念过去

串红

从中世纪开始就备受重用的草药，英文名是“sage”

在温带地区，同类花朵多达700多种。常见如火焰般艳丽的红色品种，因此花语为“火焰般热烈的想念”。

在同类花朵中，不仅有单纯的观赏性品种，还具有一定药效的品种。早在中世纪开始，被称为“sage”的串红品种就被应用于调和草药中了。据说其药效为提高精力、祛邪避厄、延长寿命，由此而来的花语为“智慧”。

Flower information
让夏季的花坛染上绚烂的色彩

分类	唇形科鼠尾草属
原产地	巴西、北美
别名	绯衣草
开花期	7 — 10月
花色	

花 语

火焰般热烈的想念（红）
尊敬
智慧

宫灯百合

奏响开拓着的心声，开放在花坛中的铃铛花

花名来自1851年在南非的高山地区发现这种花的入植者约翰·桑德森。所谓入植者，就是开拓山林与原野、将其改造成田园之后定居于此的人。他们借用这种花来表达作为入植者的心情，由此而来的花语是“对祖国的思念”。

在原产地，这种花要在12月份才开放，因此也被称为“圣诞风铃”，相对应的花语是“福音·祈祷”。其他爱称，还有小铃铛、宫灯、灯笼等，这些都来自其可爱的造型。

花语

对祖国的思念
福音·祈祷
可爱

Flower information

一根纤细的花茎上能开出7～10朵花

分类	百合科宫灯百合属
原产地	南非
别名	灯笼百合、圣诞风铃
开花期	6—7月
花色	

Foxglove

毛地黄

别名为狐狸手套，在欧洲地区备受人们喜爱

花名来自拉丁语的“手指头”，这是因为朵朵花儿独特的造型。在欧洲，人们熟知毛地黄茶有消除水肿的神奇功效，因此备受人们喜爱。而且从很久以前起，人们就尊称毛地黄为“妖精的花儿”。但其实，毛地黄有一定的毒性，可谓兼具美貌和危险的特质。花语为“热爱”。

据说，18 世纪的英国植物学家威廉姆 · 卡特斯把这种花比喻成斑点蝴蝶，格外喜爱。

花语

热爱
不诚实

Flower information

内侧的斑点花纹非常有特色

分类	车前子科毛地黄属
原产地	欧洲
别名	狐狸手套
开花期	5 — 6月
花色	 

德国鸢尾

被雕刻在法国皇家徽章上的花朵

“Iris（希腊语，意思为彩虹）”是希腊神话中的彩虹女神，也是连接人间与天界的使者，因此花语为“使者”。而托付在使者身上的使命为“爱的讯息”。

在鸢尾科的类别中，是花色最为丰富的品种，也被称为“彩虹花”。

6 世纪，法国国王在一次战争中，根据鸢尾花判断河流的深浅，并以此为突破口取得了战争的胜利。后来，鸢尾花就成为法国皇家徽章上的图案之一。

花语

使者
爱的讯息

Flower information

色彩缤纷的彩虹花使者

分类　鸢尾科鸢尾属
原产地　欧洲
别名　彩虹花、须鸢尾
开花期　5 — 6月
花色 

杜鹃花

大诗人白居易情有独钟的花

杜鹃花的记载，最早出现在中国汉代《神农本草经》，到唐代，出现了观赏杜鹃。唐代诗人白居易写下许多赞美杜鹃花的诗句，还亲自种植此花，可见其对杜鹃花的喜爱程度。

英文名为“Rhododendron”，在希腊语中这个词的意思是蔷薇与树木。20 世纪，英国大银行家莱昂纳多·内森·罗斯柴尔德自己投入大量资金建造了专门的杜鹃花园，并声称“本职工作是园林师，银行家只是爱好”。

花语“庄严”“威严”，是因为花朵聚集在一起开放，豪华而美丽。与此同时，因为花茎和叶片的毒性，也有“危险”的花语。

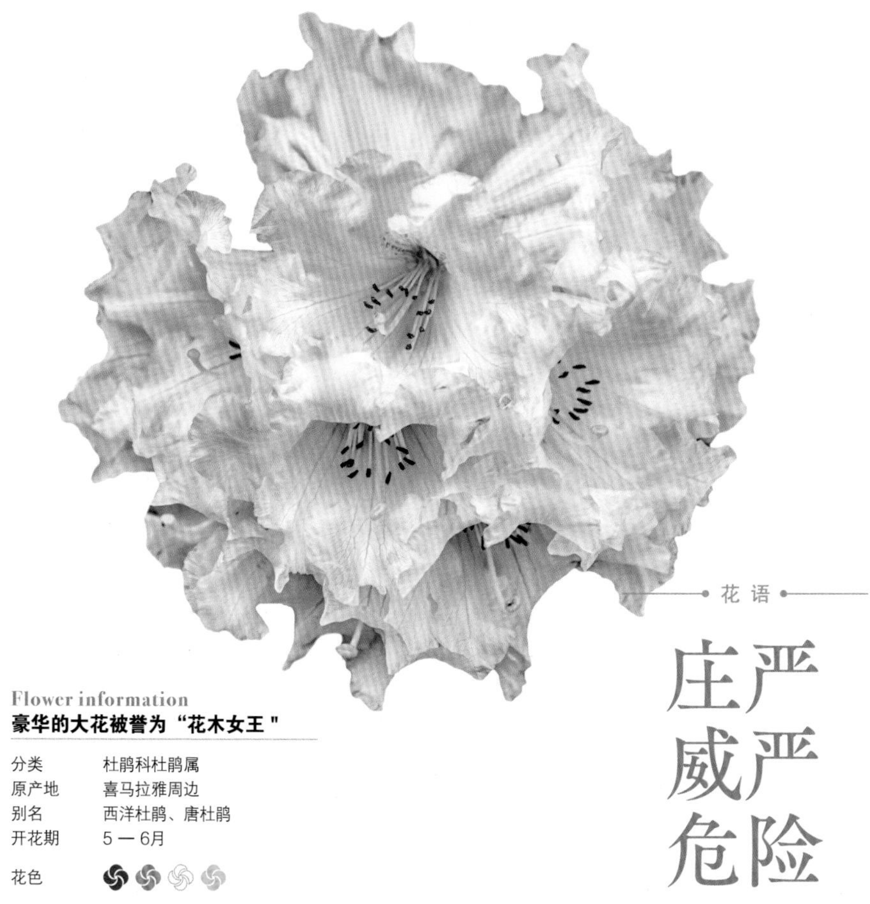

花语

庄严
威严
危险

Flower information

豪华的大花被誉为“花木女王”

分类	杜鹃科杜鹃属
原产地	喜马拉雅周边
别名	西洋杜鹃、唐杜鹃
开花期	5 — 6月
花色	

芍药

作为供奉给祖先的花卉，在韩国是不可欠缺的象征性存在

花语

谦逊
无愧
威严

Flower information

花姿就像骄傲的贵妇，
是美人的代名词

分类　牡丹科牡丹属
原产地　中国、蒙古、朝鲜半岛北部
别名　离草、貌佳草、夷草
开花期　5 — 6月
花色

在韩国，芍药花是无法被忽视的存在。14 世纪，朝鲜王朝引入儒家规范，开始重视对待地位高的人和祖先的礼仪。在这种大背景之下，花卉承担起了重要的作用。例如，向祖先供奉的时候，要把花卉点缀在高点上，一同供奉过去。而在为家里老人举办寿宴的时候，也要在料理上插鲜花来作点缀。即便是现在，韩国影视作品中也常常可以看到这样的情节。这是因为，人们相信祖先的灵魂会寄宿在植物里面。对韩国人来说，祖先会通过芍药花来守护家人，同时向晚辈传递恩惠和训诫。因此，芍药花是非常重要的存在。

对于爱花之人来说，花朵当然越大越好，因此芍药花更加成为必不可少的存在，在种种重要场合中担负重要的使命。芍药不仅华丽而优雅，而且每逢夜幕降临就会闭合花瓣，因此被冠以“谦逊”的花语。

茉莉 供奉给印度神灵的浓香型花卉

散发着强烈香气的茉莉花，其实有 300 多个种类，遍布世界的各个角落，深受人们喜爱。

尤其在印度，日常生活中活跃着的花卉文化，仍能让人联想到欧洲古代的花卉文化。芬芳的花朵被筛选出来编织成花环（花绳），然后用来当作供奉神灵的贡品。就像神灵喜爱芳香一样，印度的人民也格外喜欢芳香怡人的茉莉花。由此而来的花语是“清新的祈祷”。而因为其香气和花形得来的花语为“清纯”“迷人”。

花 语

清新的祈祷
清纯
迷人

Flower information

可爱的花朵独具甜美的浓香

分类	木犀科素馨属
原产地	亚洲、非洲热带、亚热带
别名	素馨、茉莉花
开花期	6 — 9月
花色	

Garden catchfly

蝇子草

分泌黏稠液体，别名“捕蝇草”

花语，来自其花茎会分泌黏稠液体的特性。别名的由来，是因为蚊蝇一旦落在这里就无法动弹。据说在希腊神话中，酒神狄俄尼索斯的老师西勒诺斯在酒后酣睡之际，鼻子冒出了泡泡，因此用鼻子泡泡和养父的名字相结合，给花命了名。

花语

纠缠
陷阱
虚伪的爱

Flower information

种类丰富，花坛的引领者

分类	石竹科蝇子草属
原产地	欧洲中南部
别名	虫捕抚子、捕虫花、小町草、捕蝇草
开花期	5 — 7月
花色	

Ginger lily

野姜花

香气独特，是姜的同类

种类繁多，颜色方面大致分为被称为“花缩砂”的白色和“肉色缩砂”的橙色，都被统称为野姜花。花语“丰富的内心”，来自能让身心放松的独特的香气。而“浪费”，则来自虽然同属姜的类别，但却不能吃的特性。

Flower information

艳丽细长的花叶和闪耀的花朵

分类	姜科姜花属
原产地	中亚、东南亚
别名	缩砂
开花期	6 — 11月
花色	  

花语

丰富的内心
浪费
被羡慕的爱

Japanese honeysuckle

日本忍冬 给予海伦·凯勒以勇气的芳香

花里有甘甜的花蜜，小朋友们常常摘掉花朵吸食里面的花蜜。常常被联想成浪漫的爱情，由此而来的花语是“爱的羁绊”。对于失聪失明的海伦·凯勒来说，正是因为这种花的香气，才飞奔到院子里，从而获得勇气，踏出了体验世界的重要一步。

花语

诚实
爱的羁绊
现身

Flower information
越冬不落叶，
花中留有甘甜的花蜜

分类　忍冬科忍冬属
原产地　亚洲
别名　忍冬、金银花
开花期　5—7月
花色

Water lily, Pond lily

水莲 绽放在水边的清新模样

花语

清纯的心
洁白
信仰

也被称为“睡莲”，其花朵在夜幕降临之际会闭合在一起，因而得名睡莲。希腊神话中关于水莲的描写是这样的：“一位美女爱上赫尔库勒斯，可是得不到他的回应。少女苦苦相恋，最后香消玉殒变成女妖，夜夜在水中悲歌，白天则化身为水莲。”花语是“清纯的心”。在古埃及，人们认为水莲可以横跨大地、水、天空这三个世界，将其作为可以代表宇宙观的花朵来敬仰。因此在古埃及建筑、庭院建造、贡品等处，常常可以发现水莲的图案。

Flower information
叶片上有开口，浮在水面上盛开

分类　水莲科水莲属
原产地　世界各地的热带、温带
别名　睡莲
开花期　5—7月
花色

蓝盆花 线条美丽的花茎和优雅的颜色

花茎可长达 1 米，顶端开出半球形的花朵。属名“Scabiosa（蓝盆花属）”，在拉丁语中的词源意为疥癣。因为这个属的植物可以用作治疗疥癣等皮肤病的草药。

无论在希腊神话还是西方的传说中，蓝紫色的花大多象征着悲伤，因此蓝盆花的花语也与此有关。

花语

不幸的爱
无果之恋

Flower information

纤细的花茎上小巧的花朵聚拢开放

分类	忍冬科蓝盆花属
原产地	西欧、西亚
别名	西洋松虫草
开花期	6 — 11月
花色	

欧洲荚蒾

总在婚礼上大显身手的浪漫花卉

初夏之际，小花朵次第开放，集结成的花团宛如手鞠球一般，别名“木绣球”。刚开花的时候是黄绿色，之后渐渐变成白色，盛开之际看起来就像一个洁白的雪球。看起来与绣球花很像，但欧洲荚蒾的叶子上有 3~5 个裂口。

常用于婚礼花束和头饰，花语也充满未来可期的明朗感。虽然可以用绣球花代替，但如果在意绣球花“移情”的花语，还是推荐使用形态类似的欧洲荚蒾。

花语

誓言

俏皮

Flower information

可以享受花色的变化和秋季的果实

分类　忍冬科荚蒾属

原产地　东亚、欧洲

别名　木绣球、西洋手鞠肝木

开花期　5 — 6月

花色

Smoke tree

烟树

如梦如烟般形态独特的树木

初夏，低调的花朵悄然开放以后，正是花柄伸展结出果实的时候。与此同时，会长出棉毛一样蓬松的毛状物。远远看去，好像一缕烟雾，因此而得名。花语“转瞬即逝的青春”，就是从转眼就散去的烟雾衍生出来的。

花语

转瞬即逝的青春
贤明

Flower information

引以为傲的烟雾状优雅棉毛

分类	漆树科黄栌属
原产地	中国、南欧、喜马拉雅
别名	白熊木、烟木、霞木
开花期	6 — 7月
花色	 

Globe amaranth

千日红

在中国曾被用作发簪

千日红喜阳光、耐热、生性强健，为热带和亚热带常见花卉。中国把千日红作为发簪来使用，欧洲则把千日红当作墓前供花。花色艳丽有光泽，花期持久，制成干花也不会褪色，经久不变，所以得名千日红。

Flower information

细长的花茎上开出圆球状花朵

分类	苋科千日红属
原产地	美洲热带地区、南亚
别名	千日草
开花期	6 — 10月
花色	   

花语

不褪色的爱
不朽

Hollyhock

蜀葵

《三国志》中有所记载，中国古代的人气花卉

花茎高达 1~3 米，笔直地伸向夏季的晴空。花朵大而艳丽，花语就来自这威风凛凛的花形。历史悠久，在尼安德特人的墓穴中曾发现过蜀葵的花粉。

在中国唐代之前，蜀葵是人气很高的花卉之一。在《三国志》中，蜀国的名字就被跟蜀葵联系在一起，让人耳熟能详。

花语

丰硕的果实
骄傲的威严
野心

Flower information

庭院草花中最高挑的一个品种

分类	锦葵科蜀葵属
原产地	中国、西亚、东欧
别名	梅雨葵、立葵
开花期	6 — 8月
花色	

大丽花

其华丽的花形吸引了众多画家的目光

大丽花是墨西哥的国花，从阿兹提克时期开始栽培至今。18 世纪以后传入欧洲，经过了多次品种改良，并且迷倒了一众艺术家，与众不同的墨西哥女画家芙烈达·卡萝就是其中之一。在她的自画像中，浓黑茂密的红发上总是插着一朵大丽花来作装饰，这甚至成为她深入人心的代表形象。

印象派画家雷诺阿也曾把大丽花插进花瓶里，不吝时光地把大丽花的美丽描绘进画作中。

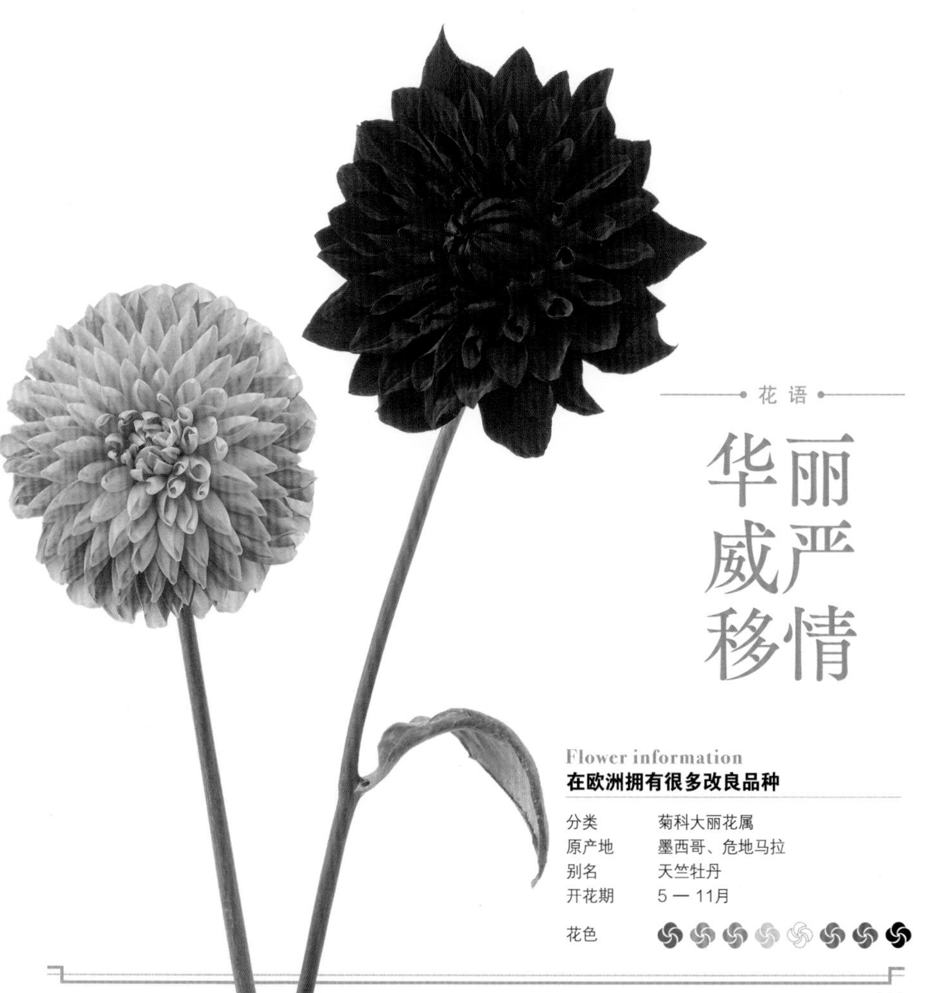

花语

华丽
威严
移情

Flower information

在欧洲拥有很多改良品种

分类	菊科大丽花属
原产地	墨西哥、危地马拉
别名	天竺牡丹
开花期	5 — 11月
花色	

Chives

香葱 马可·波罗传入欧洲的健康草花

—— 花语 ——

聪明伶俐
忠实
葱郁茂盛

花茎细长，内有空洞，风格有点儿类似葱的花草。拉丁语花名的词源是“气味”。是葱科植物的一种，花、叶、球根均可食用，富含胡萝卜素、维生素、矿物质等微量元素。

探险家马可·波罗在游历中国之后，把这种中国人视为草药的植物带回意大利，这也是13世纪以后香葱在欧洲开始流行的原因。

Flower information
毛绒球一样的花朵在初夏绽放

分类	葱科葱属
原产地	亚洲西部
别名	西洋香葱、细香葱、火葱
开花期	5 — 6月
花色	

Tuberose

夜来香

在夜色中飘香的感性香气

洁白的花朵形似水仙，楚楚动人。

但是因为在日落后会散发甘甜的芳香，也被叫作“夜色女王”。

花语是“危险的快乐”。其纯天然的感性香气被用于多种香水的原材料中。有单层花瓣和多层花瓣之分，单层花瓣的品种香气更浓。

Flower information
成对开放的球根植物

分类	萝藦科夜来香属
原产地	墨西哥
别名	月来香、阿兰陀水仙
开花期	7 — 9月
花色	 

—— 花语 ——

冒险
危险的快乐

Angel's trumpet

天使的号角

古时被用于麻醉手术的药用植物

又名曼陀罗，它是植物王国可以使人变成僵尸的可怕植物。它会开出美丽而下垂的喇叭花。据传神医华佗为世界上第一个采用麻药开刀动手术的人，他的麻药合剂“麻沸散”的主要成分就是曼陀罗花。中国明代医学书籍《本草纲目》中，将其记录为药品的一种，后在江户时期输入日本。

花语

陶醉
伪装的魅力
变装

Flower information

不同于牵牛花的有毒品种

分类　茄科曼陀罗属
原产地　南美洲
别名　曼陀罗
开花期　7 — 9月
花色  

Asiatic dayflower

鸭跖草

短暂一日花

清早开放，当天便凋谢的一日花。因为生命就像露水一样短暂，也被称为“露草”。

花中的青色素可被用于布匹或纸张的染料，因此古时候也将其称为“着草”或“月草”。因为蓝色的染料很容易在雨水中褪色，人们将其作为短暂而美好的象征。

花语

难忘的关系
不被尊敬的爱

Flower information

3 枚花瓣和 6 根雄蕊独具特色

分类　鸭跖草科鸭跖草属
原产地　东亚
别名　萤草、月草、露草
开花期　6 — 9月
花色 

紫娇花

花朵的气味甘甜，但花茎的气味酷似韭菜

原产地为南非。花名取自南非被荷兰殖民的时候，管理当地喜望峰的总督的名字。英文名“Society garlic”，花语“残香”“铭记在心”，都是从这种花自身的特征衍生出来的。

其外观除花色与中国的韭菜不同外，其余特征均与中国的韭菜相似。中国的韭菜一般为白色花，此花为紫色。

花语

残香
铭记在心
沉着的魅力

Flower information

星形的花朵好像点点香火

分类　石蒜科紫娇花属
原产地　南非
别名　洋韭菜
开花期　5 — 8月
花色

Yellow star jasmine

花语

优雅的女性
依存

黄金络石

传说是由爱慕化身而成的花

名字起源于平安至镰仓时代的歌者藤原定家。他生前苦苦爱慕者王室之女。据说这份爱恋化为藤蔓围绕着她的墓碑。黄金络石既可以作为地被植物，也可以作为优良的盆栽植物，用于家庭观赏和公园布景。

Flower information

宛如茉莉一般的芳香

分类　夹竹桃科络石属

原产地　日本、朝鲜半岛

别名　金叶络石

开花期　5 — 6月

花色

Delphinium

花语

清明
高贵
轻巧

翠雀花

靛蓝色的层次营造出优雅的氛围

花名来自希腊语的“海豚”。美丽的小蓝花仿佛小海豚一样轻快而可爱。花语“清明”“高贵”也取自爽朗的蓝色调。因其像燕子飞舞一样的花形，也被叫作“大飞燕草”，与此相关的花语为“轻巧”。

Flower information

充满通透感的蓝色花朵

分类　毛茛科翠雀花属

原产地　欧洲、亚洲、北美、非洲热带地区

别名　大飞燕草

开花期　6 — 8月

花色  

鱼腥草

梅雨时节默默开放的古老草药

一种独特的草药，本身具备可以抑制毒性的特征，可以抵御多种毒素。据说花叶煎服，有降低血压、抑制动脉硬化的功效。

花语为“野生”，取自其在日阴处也能茁壮生长的顽强生命力。另外，“白色记忆”的花语，是因为鱼腥草还会被用来治疗擦伤，从而引发对遥远过去的回忆而衍生出来的。

—— 花语 ——

野生
白色记忆

Flower information

在日阴处也能繁殖的耐寒性多年生草本植物

分类	三白草科蕺菜属
原产地	东亚
别名	折耳根、狗心草
开花期	6 — 7月
花色	

西番莲

出现在圣弗朗西斯梦中的神圣花朵

花与雄蕊的形状乍看仿佛表盘，所以被称为“时针草”。

另外，在信奉基督教者的眼里，认为雌蕊是十字架，雄蕊是背景光，而花瓣和花萼则是一众信徒。因此英文名字带有受难的意味，叫作“Passion flower”。

据说阿西西的圣弗朗西斯在梦中见到这种花，于是花语就跟信仰和宗教连接在了一起。

花 语

神圣的爱
信心
宗教的热情

Flower information
个性的花朵洋溢着艺术气息

分类　西番莲科西番莲属
原产地　南非
别名　时针草
开花期　5 — 10月
花色 

Monkshood

乌头

象征魔女赫卡忒的毒草

乌头是中国乌头属中分布最广的，被中国劳动人民利用的历史也很悠久。《神农本草经》中，将乌头列为下品。其根部有剧毒，是日本三大毒草之一，但也是非常具有人气的园艺品种之一。在希腊神话中，这种植物诞生于冥界看门犬的口水，也是魔女赫卡忒的象征。

中文名取自花形。英文名意为“修道士”，花语“厌世”就来源于此。

花语

厌世
危险
谨慎

Flower information

日本有 30 余种原生品种

分类	毛茛科乌头属
原产地	中国东北部、欧洲、北美、日本等北半球区域
别名	川乌
开花期	7 — 9月
花色	

Prairie gentian

洋桔梗 原产地美国，是龙胆的同类

花名语义不详，但其实原产于北美地区，是龙胆的同类。因为花形类似桔梗，由此而得名。花语为“清澈的美丽”和“优美”，这些都来自优美的花形。洋桔梗花色典雅明快，花形别致可爱，是国际上十分流行的盆花和切花种类之一。

花语

清澈的美丽
优美

Flower information

有多重花瓣和褶皱花瓣等很多品种

分类	龙胆科洋桔梗属
原产地	北美
别名	草原龙胆
开花期	6 — 8月
花色	      

石竹

被广泛栽培的观赏花卉

关于石竹，有一个美丽的传说。很久以前，石竹和妈妈一起生活，因为儿子石竹年幼多病，妈妈每天除了操持家务外，还要上山给儿子采药治病。但多年过去了，儿子的病仍无起色。妈妈伤心的眼泪落在石缝中，奇迹发生了，忽然从石缝中长出一朵花。妈妈将这朵花煎水后给儿子服用，治好了儿子的病。至此，人们叫这种花为“石竹妈妈的花”，叫来叫去，最后演变为了“石竹花”。

Flower information

从古时候起就活跃于观赏、食用、药用等各个领域

分类	石竹科石竹属
原产地	中国、日本、朝鲜半岛、欧・北美
别名	北石竹、钻叶石竹、高山石竹
开花期	5 — 7月
花色	

花语

纯洁的爱
大胆
女性美

Japanese rowan, Mountain ash

花楸

拥有点火 7 次也不会燃烧殆尽的不屈精神

拥有强大的枝条，就算被放进炉灶中 7 次也不会烧尽，花语“慎重”“贤明”也取自这个特征。

北欧神话中，花楸木从洪水中救下了雷神，因此现在也被人们用于预防水灾和雷电灾害，花语“我会守护你”就是取自这个传说。

—— 花 语 ——

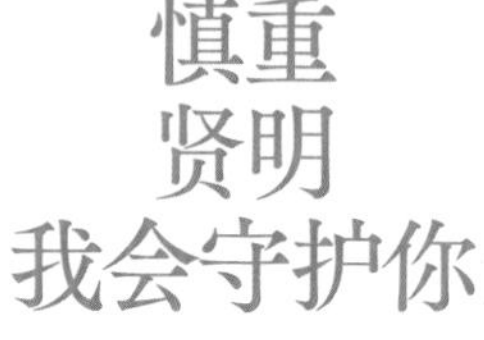

Flower information

秋季叶子变红时，还会结出红色的果实

分类	蔷薇科花楸属
原产地	朝鲜半岛、日本
别名	臭槐树、黄花楸
开花期	5 — 7月
花色	

Madagascar periwinkle

长春花

—— 花 语 ——

愉快的回忆
一辈子的友情
年轻的友情

日日绽放，是夏季一道亮丽的风景线

初夏到秋季一直开花，由此而得名。

花语是“愉快的回忆”“一辈子的友情”，都来自每日开花的特征和花形。这种可爱的样子，难免让人回忆起愉快的往事和历久弥新的友情。

Flower information

有毒性的药效成分被用于抗癌药物中

分类	夹竹桃科长春花属
原产地	马达加斯加
别名	日日花、日日草
开花期	6 — 10月
花色	

绶草

螺旋式缠绕的小花俊俏可爱

花朵围绕在花茎周围，呈螺旋状，楚楚动人。精巧程度让人不由得赞叹大自然的神奇。英文名字中，将其比喻成女士的卷发。

花语“思慕”，是借用绶草百转千折的花形来形容思慕的情怀。

绶草是世界上最小的兰花。因为其分布范围小，花序犹如绶带一样，因而得名，被誉为“通往天国的阶梯”。

花语

思慕

Flower information

花朵既能向左缠绕，也能向右缠绕

分类	兰科绶草属
原产地	中国、日本、朝鲜半岛
别名	盘龙参、一线香
开花期	6 — 9月
花色	

凌霄花

衬托在夏日的蓝天下，花形就像一只小喇叭

凌霄早在中国春秋时期的《诗经》中就有记载，当时人们称之为陵苕，“苕之华，芸其贵矣”说的就是凌霄。凌霄花的藤蔓攀附在其他树木或墙壁上，从夏至秋一直郁郁葱葱地绽放橙色、粉色、黄色等色彩绚丽的花朵，而且繁茂的花势总是给人带来惊喜。

花语“名声”“名誉”“好名声”，都来自喇叭形花朵。这个形状让人不禁联想到热热闹闹的祝福。

花语

名声
名誉
好名声

Flower information

夏日蓝天下娇艳绽放的花朵

分类	紫葳科凌霄属
原产地	中国
别名	凌霄之花
开花期	7 — 9月
花色	

高山蓍

凛然而美丽，是亚马孙女王的化身

叶子边缘有明显锯齿。花茎笔直生长，曾被用于当作占卜用的筮竹。

与近亲蓍草相同，学名也来自希腊神话的英雄阿喀琉斯。他在特洛伊战争中与女性军团对战，把负伤的部落女王彭忒西勒亚变成高山蓍，以此让其复活，花语“战争”“心灵创伤”都来自这个传说。

花语

战争
心灵创伤

Flower information
叶子边缘有锯齿形状

分类　菊科蓍属
原产地　中国
别名　羽衣草、锯齿草
开花期　5 — 9月
花色 

Hibiscus, China rose

木槿 常见的庭院灌木花种

花语

温柔
坚韧美丽
生生不息

Flower information

种类繁多，呈现出丰富的遗传多样性

分类	锦葵科木槿属
原产地	热带、温带
别名	木棉、荆条、朝开暮落
开花期	7 — 8月
花色	

木槿对环境的适应性很强，较耐干旱和贫瘠，对土壤要求不高，尤喜光和温暖湿润的气候。

它在花期时，会源源不断地开花。而且会在清晨开花，傍晚凋谢，所以它还有个别名“朝开暮落”。它还是一个“开花机器”。每到开花季节，它的花蕾会长满枝条，掉落后，第二天又会陆续开出新的花蕾，所以，它的花语“生生不息”就由此而来。

木槿花经过处理，可油炸，可摊鸡蛋，是一道非常美味的美食。

Bush clover, Japanese clover

胡枝子

由于胡枝子鲜嫩、茎叶丰富，可用作饲料

花语

沉思
内向
优雅美丽

胡枝子，俗名“随军茶”，药食两用。在古人的诗句中，它仿佛是一位隐士，在山野中吐露芬芳。主要生长在海拔2800米以下山坡、路旁和灌木丛中。由于其花色艳丽，很适宜作观花灌木或作为护坡地被的点缀。

Flower information

中秋赏月之际的装饰花

分类	豆科胡枝子属
原产地	亚洲、北美东部、澳大利亚
别名	庭见草、胡枝条、随军茶、萩
开花期	7 — 10月
花色	

Lotus

莲花

接天莲叶无穷碧，映日荷花别样红

中通外直，不蔓不枝，出淤泥而不染，濯清涟而不妖的高尚品格，历来为文人墨客笔下的题材之一。它被评为中国十大名花之一，也是印度、越南和马拉维的国花。

释迦也常用出淤泥而不染的莲花来教育弟子，相关的花语是“神圣”“清澈的心灵”。

Flower information

莲花与水莲神似，但并非一物

分类	莲科莲属
原产地	印度周边
别名	水芙蓉、不语仙、莲
开花期	7 — 8月
花色	

花语

神圣
清澈的心灵

Japanese Iris

花菖蒲

花菖蒲在日本已选育出了 500 多个品种

花语来自梅雨时期开花且花色艳丽的特征。被称为“花菖蒲振兴鼻祖”的旗本耗时 60 多年编纂了一本园艺知识名著《花菖蒲培养录》。常被人们栽培在公园的水池中观赏，具有较高的观赏价值。

Flower information

既不是菖蒲也不是鸢尾

分类　鸢尾科鸢尾属
原产地　日本、朝鲜半岛、东西伯利亚
别名　玉蝉花
开花期　6 — 7月
花色  

花语

温柔的心
优雅
心气

Green purslane

马齿苋

花语

天真无邪
永远健康

让夏季花坛多姿多彩的绚烂点缀

遍布热带到温带地区的一日花。耐热，在高温地区仍然可以茁壮成长。花谢以后果实成熟，果实上面的小帽子会自然脱落，那样子活脱脱就像欢笑的小嘴巴。这也是拉丁语名称的词源来自“开门”一词的原因。花朵陆续开放，不畏炎热，被赋予“天真无邪”“永远健康”的花语。

Flower information

仅有 2 ~ 3 厘米的花茎上开满了小巧的花朵

分类　马齿苋科马齿苋属
原产地　南美
别名　五行草、花滑苋
开花期　6 — 10月
花色   

玫瑰

古今东西方，深受贵族和艺术家热爱的花中女王

玫瑰的栽培历史可以追溯到公元前，吸引了古今东西方各界达官显贵和艺术家的热爱。据说，埃及女王曾经把玫瑰花瓣铺在床上，以此来诱惑罗马的英雄。法国最后一位王妃玛丽也是玫瑰的疯狂爱好者，她曾经在马车里塞满整整一车的玫瑰。在玛丽留下的肖像画里，手中小巧的粉色玫瑰永远衬托着她柔和的微笑。

花语

热情（红）
纯洁（白）
高雅（粉）
嫉妒（黄）

玫瑰也曾出现在众多名画当中。例如桑德罗·波提切利的《春》中，花神芙洛拉将玫瑰花撒向大地的形象栩栩如生。荷兰画家凡·高笔下的《玫瑰花》中，也细致地刻画了玫瑰的形象。

以古希腊女诗人萨福为首的历代诗人，都热衷于创作以玫瑰为主题的诗词歌赋。例如，20 世纪初奥地利的诗人里尔克毕生都没有放弃书写关于玫瑰的诗歌，而最终，他也因为被玫瑰刺伤而离世。

喜剧大王卓别林的电影《城市之光》中，街角卖玫瑰的盲女与贫穷的流浪汉的爱情故事，最终也被定格在一枝玫瑰中了。

Flower information

园艺品种多达 3 万余种

分类	蔷薇科蔷薇属
原产地	北半球温带地区
别名	徘徊花、蔷薇
开花期	5 — 12月
花色	

万代兰

兰科，世界上第一个被指定为保护植物的品种

附生在周围的树木攀爬生长，梵语花名的词源意为“完全攀附”。

花语“优雅”“高贵”，取自花瓣上清凉的网格花纹和淡紫色的花色。

19 世纪中叶，印度遭到英国的入侵，之后这种花成为世界上第一个被指定为保护植物的品种。

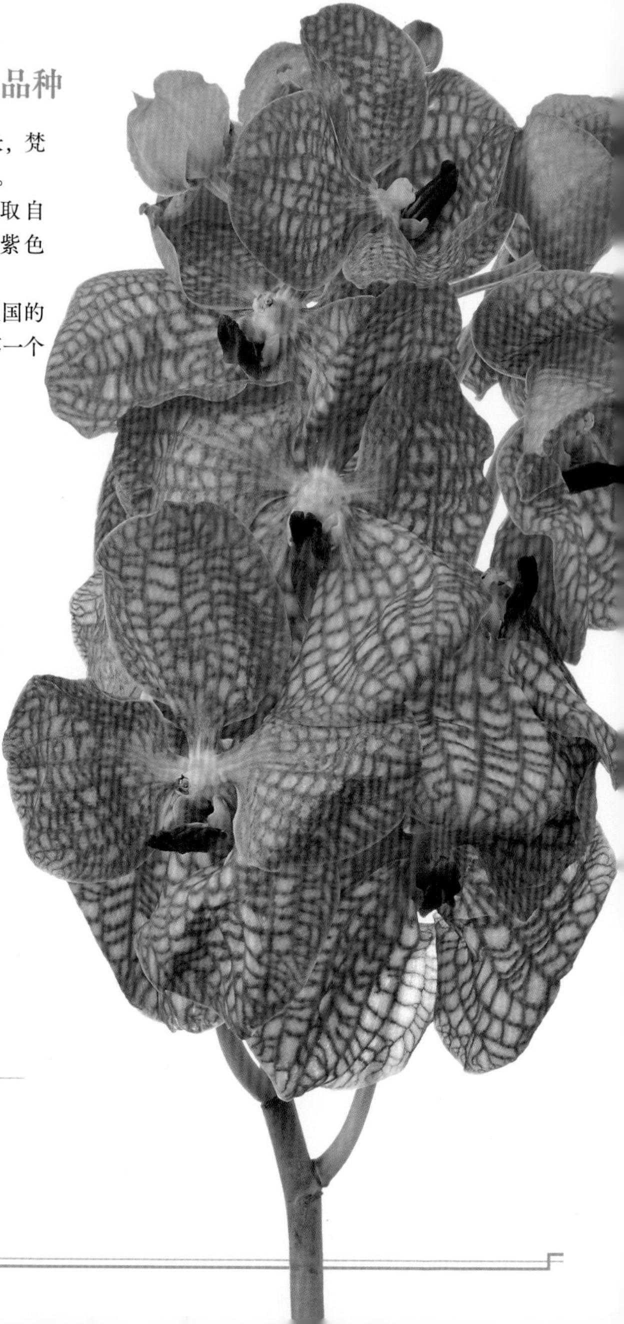

花语

优雅高贵
绚丽多彩
有个性

Flower information

稀有的蓝紫色花纹令人叹为观止

分类	兰科万代兰属
原产地	亚洲热带地区、澳大利亚
别名	翡翠兰
开花期	6 — 7月
花色	

Pampas grass

蒲苇

在大草原上摇曳的银白色花穗

别名“白金苇”。花如其名，这种禾本科植物的花穗的确很像银白色的芦苇。

花穗会在阳光下熠熠生辉，由此而来的花语是“光辉”。但是，花开后花穗的光泽度会逐渐下降。雌雄株有一定差异，常被用于鲜切花和干花的花材均为雌株。

花 语

光辉

Flower information

顽强的植株可高达 1 米以上

分类　禾本科蒲苇属

原产地　南美

别名　白金苇

开花期　7 — 9月

花色　

Tutsan

金丝桃

花 语

闪耀
悲伤散尽

粉嫩圆润的果实格外可爱

初夏时节开小黄花，夏末结果。花谢之后，很快就能看到艳丽而圆润的果实，由此而来的花语是“闪耀”“悲伤散尽”。因此，古时候开始人们就将其作为驱魔除恶的装饰品。

果实有粉色、绿色、奶白色等，随着日益成熟，颜色也会发生变化。

Flower information

金丝桃的果实是人气花材

分类　藤黄科金丝桃属

原产地　中亚至地中海沿岸

别名　金丝海棠、地切草

开花期　6 — 7月、8 — 11月（结果期）

花色　

Sunflower

向日葵

在众多画家笔下永远流传的花卉，象征着光芒万丈的太阳

面朝太阳热烈开放的大朵向日葵，曾经象征着古印加帝国的太阳神，“崇拜”“憧憬”的花语正是来于此。哥伦布抵达美洲大陆以后，将向日葵带回了欧洲地区，也正是因为如此，才触发了一众艺术家的灵感。

17 世纪，佛兰德斯画家安东尼 · 凡 · 戴克就通过自己手指向日葵的自画像，向当时的国王表达过自己的忠诚。

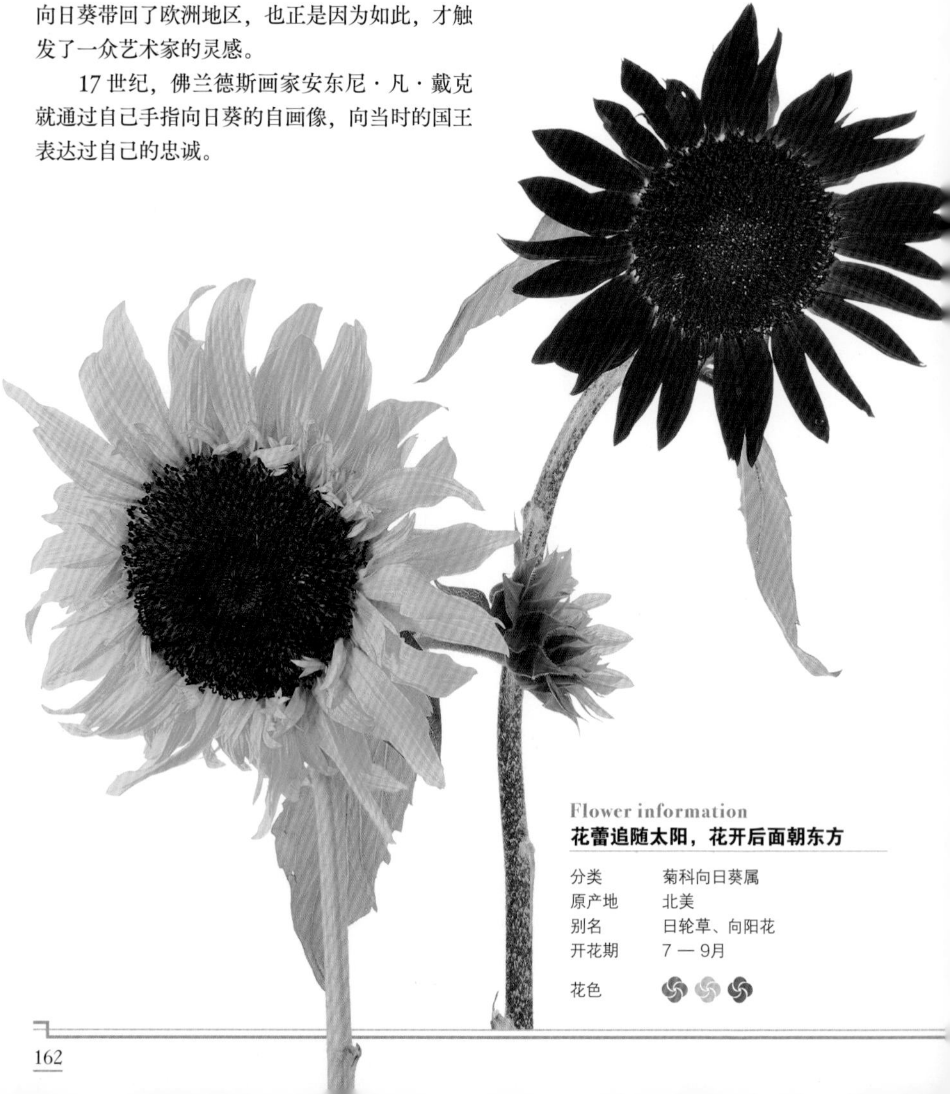

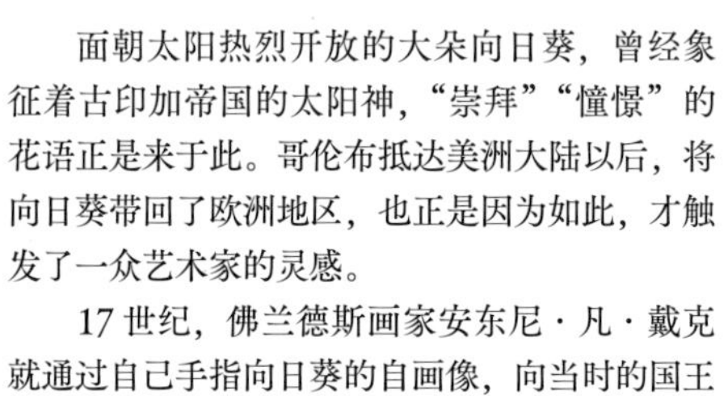

Flower information

花蕾追随太阳，花开后面朝东方

分类	菊科向日葵属
原产地	北美
别名	日轮草、向阳花
开花期	7 — 9月
花色	

19 世纪的荷兰画家凡·高和法国画家高更，都留下了描绘着向日葵的传世佳作。到了 20 世纪，维也纳画家居·克里姆特也留下了绚烂的向日葵作品。同时期的米勒虽然也创作过向日葵作品，但是他的笔下却勾勒出向日葵枯萎衰败的模样。

电影《向日葵》(1970 年)中，索菲亚·罗兰饰演的角色在追思生离死别的丈夫时，表情衬托在一片向日葵花海里，形成了鲜明的对比。这一幕，正好强调了“沉默的爱”的花语。

花语

忠诚
崇拜
憧憬
沉默的爱

昼颜牵牛花

成为凯瑟琳·德纳芙的电影名称的花朵

花语“牵绊”“情事”来自其攀爬在其他植物上生长的特性。

《源氏物语》中，“朝颜”是指牵牛花，“昼颜”是指打碗花，“夕颜”是指葫芦花，“夜颜”是指月光花。这四种花长得都很像喇叭，都是爬藤的草本植物，因其开花时间不同而被命名为不同的名字。

Flower information

日升开花，日落凋谢

分类　旋花科昼颜属

原产地　中国、日本、朝鲜半岛

别名　鼓子花、昼颜

开花期　6 — 8月

花色

花语

牵绊
情事

叶子花

植物猎手也为之着迷的鲜艳花朵

貌似花瓣的部位其实是叶状的大苞片，中间的白色部分才是真正的花。英文花名来自18 世纪在巴西发现这种植物的法国探险队船长的名字。据说他作为探险队的一员，在巴西探索自然奥秘的时候发现了这种花，而花语也取自他对自然的热爱。

墨西哥画家弗里达 · 卡罗也是叶子花的爱好者，她的自画像中常出现叶子花头饰。

花语

热情
狂热
眼中只有你

Flower information

生命力顽强，花期长，藤蔓植物

分类　紫茉莉科叶子花属
原产地　南美、中美
别名　筏葛、九重葛
开花期　5 — 10月
花色

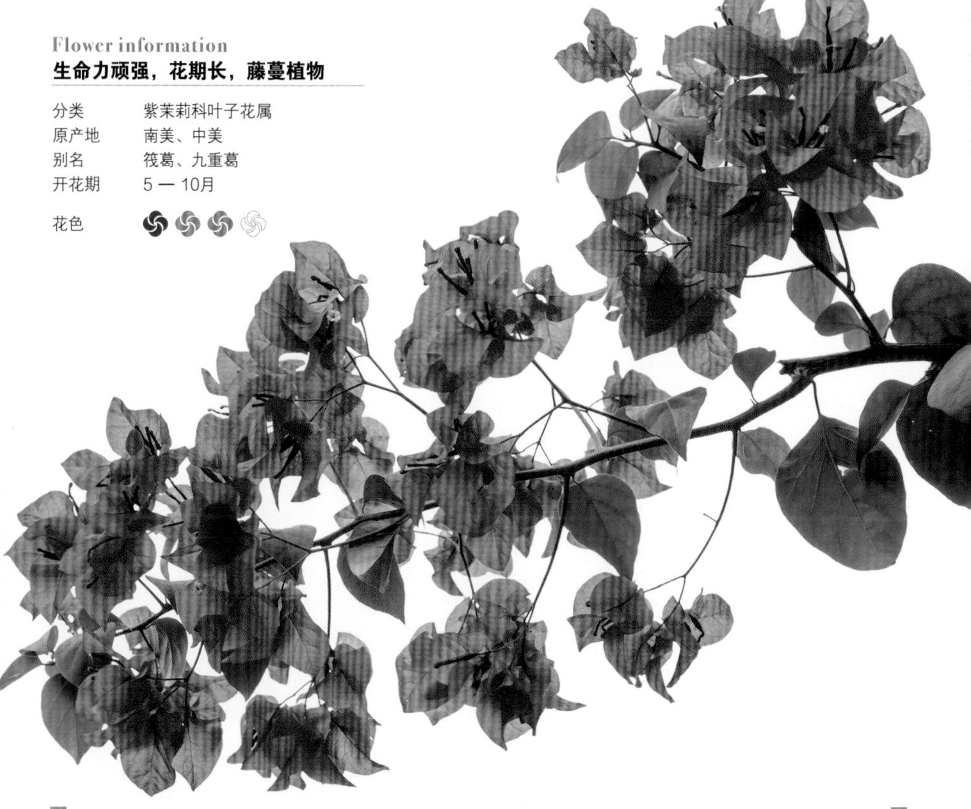

Hare's ear

柴胡

形似野兔的耳朵，绿色清爽宜人

看起来像花的星形部位实为花苞，中间的黄色部分才是真正的花。其轻盈的身姿，让人不禁联想到小兔子的耳朵，英文名由此而来。别名“圆叶柴胡”。花语是“初吻”，取自青涩而楚楚动人的形象。

花语

初吻

Flower information

最适合用来调整花束的蓬松感

分类	伞形科柴胡属
原产地	欧洲、中亚
别名	圆叶柴胡
开花期	6 — 8月
花色	

Tweedia

蓝星花

引以为傲的蓝色花瓣体现着幸福的爱

5片花瓣排列成规则的星形，由此而得名。花语“幸福的爱”，起源于以英国为首的北欧国家历史悠久的“something blue”婚礼习俗。新娘一定要身着蓝色配饰，才能获得幸福，因此蓝星花也是人气婚礼花卉。

花语

幸福的爱
彼此坚信的心
思乡

Flower information

魅力在于通透的蓝色

分类	旋花科土丁桂属
原产地	中美、南美
别名	星形花、雨伞花
开花期	5 — 10月
花色	

Blue lace flower

花语

优雅的舒展
无言的爱

翠珠花

仿佛蕾丝编织而成的细腻美好

小花聚拢呈圆形开放，仿佛精巧的蕾丝作品。花名和花语“优雅的舒展”，取自花朵的姿态。原产地为澳大利亚西部的一个小岛。淡雅的蓝色，非常适合用来搭配初夏的花束。

Flower information

弯曲的纤细花茎上，有好多小花盛开

分类　伞形科饰带花属
原产地　澳大利亚
别名　蓝色蕾丝花、罗德内斯特岛雏菊
开花期　5 — 6月
花色　

Skunk vine

鸡矢藤

可爱却略显“意外”的花朵

叶子和花茎散发独特的气味，因此得来“让人讨厌”的花语。白色小喇叭中间开放可爱的花朵，果实不仅美丽还具有药效。花朵形似艾灸，别称“灸花”。

花语

让人讨厌

Flower information

常见的多年生草本植物

分类　茜草科鸡矢藤属
原产地　含日本在内的东亚
别名　灸花、屁粪葛
开花期　7 — 9月
花色　

红花

带着赤红的魅惑，陪伴丝绸之路上的旅人

红花的颜色被广泛应用于天然染料当中。历史悠久，原产于西亚地区，途经地中海传入欧亚大陆。红花经丝绸之路传入中国，成为中国古代重要的红色染料。唐朝时期广泛应用于服饰印染等方面。花语“装扮”，取自红花的色素被用于口红中的背景。

花语

装扮
包容力

Flower information
明媚的黄色花朵让人印象深刻

分类　菊科红花属
原产地　地中海沿岸、西亚
别名　红蓝花、刺红花
开花期　6 — 7月
花色

凤仙花

在冲绳民谣中登场，被女性用来染指甲的花朵

中文名“凤仙花”中的“凤”，意为中国神话中的神鸟。花语“不要碰我”“没有耐心”，是来自一被碰到种子就会撒落的特点。

过去，年轻女性和小孩子喜欢用凤仙花来染指甲，因此叫作“指甲花”。茎被称为“凤仙透骨草”，有活血止痛的功效。凤仙花在江浙一些地区被作为腌渍蔬菜，味道鲜美。

花语

不要碰我
没有耐心
敞开心灵

Flower information

耐暑，花朵色泽鲜艳

分类	凤仙花科凤仙花属
原产地	中国、印度、马来西亚
别名	指甲花、骨拔、灯盏花
开花期	7 — 9月
花色	

红菇茑 小灯笼一样的红色果实，传递出季节的信笺

颜色鲜艳，宛如林间的星火点点。《古事记》记载的神话故事中，曾经用红菇茑来比喻大蛇的眼睛。

花语“伪装”“蒙蔽”来自看似红彤彤沉甸甸，但实则内心虚空、只有一个果实的特征。人们也将其称为“锦灯笼”。因其有清热解毒的功效，在中国东北，很多人都会将其晾晒后泡水或煮水喝。虽然味道很苦，但是十分降火。

花语

伪装
蒙蔽
请邀请我

Flower information

赤红色的花萼也成为夏季风情物语的素材之一

分类	茄科酸浆属
原产地	东南亚
别名	锦灯笼、挂金钟
开花期	6 — 7月、8 — 9月（结果期）
花色	

Spotted bellflower

紫斑风铃草

楚楚动人，形似教会的挂钟

花名来自形似挂钟的花形，也有人把这种花比喻成小灯笼。花语是“正义”“忠实”“贞洁”，这些花语都与形似挂钟的花形有关。

紫斑风铃草与同属的风铃草一样，都是原产于地中海沿岸，后经改良成为观赏性植物。拉丁语中，这种植物的名称词源是“小钟”，而在英文中则被直接称为“bell flower”。

花语

正义
忠实
贞洁

Flower information

梅雨时节满山开放的野花

分类　桔梗科风铃草属

原产地　日本、朝鲜半岛、西伯利亚东部

别名　提灯花、吊钟草

开花期　6 — 7月

花色  

牡丹

百花之首，富贵的象征

花朵格外华丽，古时候起就有“立似芍药、坐如牡丹、行同百合”这种形容美人的说法。据说原产地为不丹，毕竟不丹与牡丹的名称非常音似。

在中国，很久之前就把牡丹作为药用植物来栽培，慢慢才转变为观赏用。唐代诗人白居易在当时的西安曾经赋诗“花开花落二十日，一城之人皆若狂”，来记录牡丹的不二人气。而且在中国，牡丹更被尊为“百花仙子之首”，是中国级别最高的观赏花。花语“风格”“富贵”皆来于此。

花语

风格
富贵
无愧

Flower information
在历史长河中始终被爱的花中女王

分类	牡丹科牡丹属
原产地	中国
别名	富贵草、二十日草、百花王
开花期	5 — 6月
花色	

玛格丽特花

被玛丽·安东尼特种植在宫殿庭院中的治愈系花朵

花色如珍珠般洁白，拉丁语名字的词源就是“珍珠”。原产于非洲西北的加那利群岛，后在法国经过园艺改良，所以也被称为“法兰西菊”。路易十六的王妃玛丽·安东尼特非常喜爱这种花，据说曾经在宫殿庭院中种满了玛格丽特花。

我们都曾用这种小花的花瓣做过“喜欢我、不喜欢我”的恋爱占卜，花语也正是来源于此。

Flower information
洁白清新的小花

分类	菊科木茼蒿属
原产地	加那利群岛
别名	木春菊、木立加密列
开花期	5 — 9月
花色	

花语

恋爱占卜
真实的爱
信赖

大花马齿苋

开合自由的南国一日花

充分沐浴着南国阳光的彩色花朵，原产于南美地区。花似牡丹，叶似松叶。属于马齿苋科，别名太阳花，因其白天开放夜晚闭合的特征而来。花语“天真无邪”“可爱”，非常符合鲜艳可爱的花朵。

耐日照，耐干燥，也被称为“日照草”。

花语

可爱
天真无邪
忍耐

Flower information

低俯身姿健康生长

分类　马齿苋科马齿苋属
原产地　巴西、阿根廷、乌拉圭
别名　不亡草、日照草、松叶牡丹、太阳花
开花期　6 — 9月
花色 

小白菊

从古至今都是对女性有益的草药

花名的拉丁语词源意为“母体”，有镇痛消炎等功效，常用于妇科疾病中。英文名“Feverfew”也取自拉丁语“散热药”的词汇。从花语“镇静”当中，对其草药功效可见一斑。

“集结的喜悦”，来自小花欢欢喜喜一齐开放的样子。小白菊与同样具有草药功效的小雏菊非常类似。

花语

镇静
集结的喜悦
深厚的爱情

Flower information

集合在一起绽放的小花格外可爱

分类	菊科菊属
原产地	地中海沿岸、西亚
别名	夏白菊、犬加密列
开花期	5 — 7月
花色	

金盏花 墨西哥祭祀时必不可少的圣母玛利亚之花

花名意为“圣母玛利亚之黄金花”。原产于墨西哥，哥伦布在美洲发现之后带回欧洲。

黄色，在基督教中有“背叛”的意思，所以黄色花卉有些许负面形象，因此花语有“嫉妒”和“绝望”。

传说中，金盏花可以“把死者从另一个世界带回到祭坛”，所以在墨西哥传统祭奠“亡者之日”，总少不了金盏花的身影。在动画电影《寻梦环游记》中，祭奠先祖的祭坛上也出现了金盏花的影子。

花语

嫉妒
绝望
悲伤

Flower information

体态丰腴的华丽花朵

分类　菊科金盏花属
原产地　墨西哥
别名　孔雀草、万寿菊、千寿菊
开花期　4 — 11月
花色 

薄荷

气味芳香持久，来自清新的水之精灵

花名出现在希腊神话中。冥王哈迪斯的妻子珀尔塞福涅因嫉妒而将水妖门特变成了薄荷。而此后，门特变成的薄荷一直出现在哈迪斯的神殿中，不断地释放芳香。花语“美德”“效能”，都用以表达薄荷的香气和药效。

种类繁多，大致可以分为紫茎紫脉类型和青茎类型，不仅气味清爽，别致的外形更是可以给花束增添完美的衬托效果。

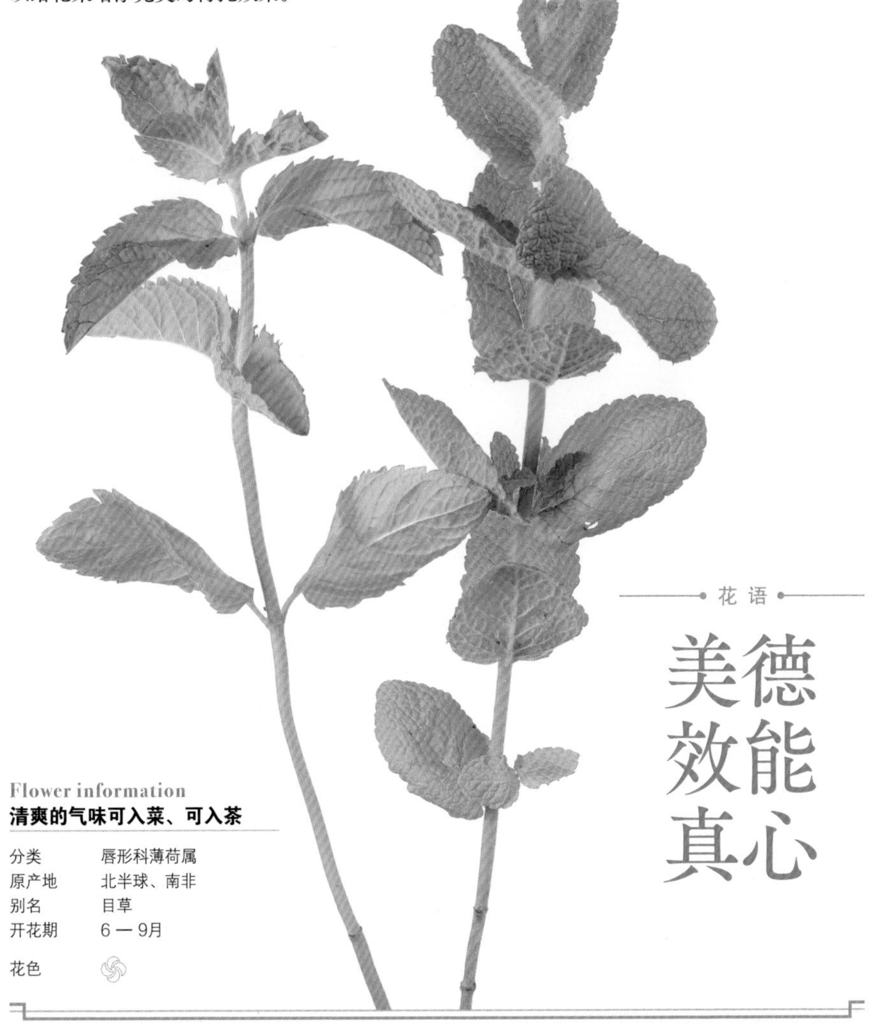

花语

美德
效能
真心

Flower information

清爽的气味可入菜、可入茶

分类	唇形科薄荷属
原产地	北半球、南非
别名	目草
开花期	6 — 9月
花色	

日本紫珠 让古时候的女作家文采飞扬

初夏开出淡粉色的花，秋季却会结出有光泽的紫色果实，也正是因为这种特征，被命名为“紫珠”。这种淡雅的姿色，甚至吸引到了《源氏物语》的作者，因此她才把自己笔名起为“紫式部”。花语不仅有“聪明”“高雅”，还有因为被称为平安时代的才女紫式部而被赋予的“擅长被爱”，这也正好符合《源氏物语》中美貌与才能兼具、被众多女性热爱的主人公光源氏的形象。

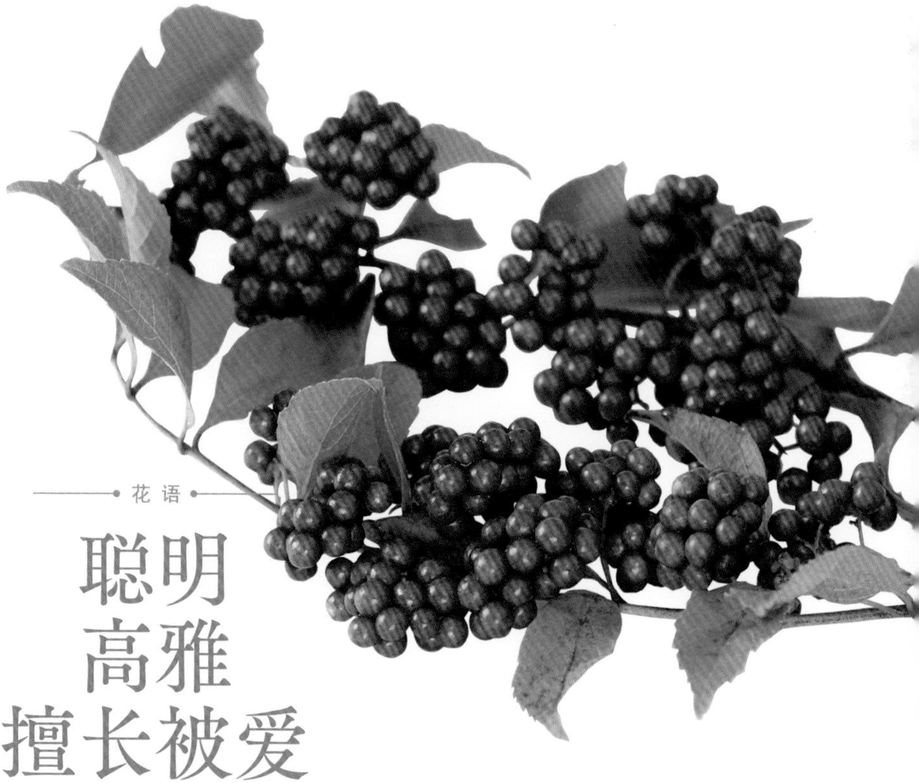

花语

聪明
高雅
擅长被爱

Flower information

果实与叶片形成绝佳的对比色

分类	马鞭草科紫珠属
原产地	日本、朝鲜半岛
别名	实紫、紫式部
开花期	6 — 7月、 9 — 12月（结果期）
花色	

莫氏兰

被用于花卉首饰的热带花朵

作为庆典花卉之一，与蝴蝶兰属于同科。经过人工培育，由3种兰花杂交而成。艳丽的花色充满热带风情，南方的酒店中常被用于装饰品。花语“优美”“格调”“优雅”，想必都取自其别致的花形。

花期长，需要的水分不多，在夏威夷传统装饰品的花环中常常可以见到。夏威夷的花环，就是把莫氏兰等花卉穿在一起做成的。

花语

优美
格调
优雅

Flower information

作为“气质轻盈”的兰花具有超高人气

分类　兰科莫氏兰属
原产地　亚洲热带地区、澳大利亚（人工栽培）
别名　—
开花期　7 — 11月
花色

木香花

无刺的可爱蔷薇科花朵

花名来自其气味酷似菊科的木香。虽然属于蔷薇科，但却没有尖锐的花刺，给人以朴素柔和的印象。花语是“纯洁”“初恋”“朴素的美”。毕竟与大朵玫瑰不同，拥有着内敛的美好。

木香花非常适合在庭院种植，开花数量很多，远远望去犹如一片花海，观赏性极高。所以人们用“花开如瀑布，千朵万朵开”来形容其开花时的景象。

花语

纯洁
初恋
朴素的美

Flower information
小花齐放的魅力

分类　蔷薇科蔷薇属
原产地　中国
别名　蜜香、木香蔷薇
开花期　5 — 6月
花色 

百合 人工栽培的品种已经超过上万种

百合名字的由来，其实并不是指它的花，而是指它的鳞茎，是由鳞片状的片合在一起形成的。它是一种常见的观赏花卉，尤其适合作为切花。

在中国古代，因其淡淡出香，因而与水仙、栀子、梅、菊、桂花和茉莉合称为“七香”。

基督教文化中把白色百合比喻成圣母玛利亚，用以形容其圣洁的形象，由此而来的花语是“纯洁”。莱昂纳多·达·芬奇的作品《受胎告知》中，天使加布里埃尔就是左手拿着百合

Flower information

种类繁多，格调高雅，芳香浓郁

分类	百合科百合属
原产地	北半球亚热带地区、亚寒带地区
别名	山丹、百合蒜
开花期	5 — 8月
花色	

传递了受孕的消息。

百合的香味宜人，花朵美丽，但因为百合的花朵、叶片和花粉对猫来说有毒性（猫会误食），所以不是所有家庭都适合。百合也是一种名贵食品，有润肺止咳、清热安神的作用。

花语

纯洁
百事和合
深深祝福

Larkspur

飞燕草

被威廉·莫里斯用于壁纸图案

因其花形别致，酷似一只只燕子而被命名为飞燕草。花朵朝上，接连开放，因而得来的花语是“开朗”“快活”。别名“千鸟草”。英国设计师，也是近代设计奠基者威廉·莫里斯，曾把飞燕草用于自己设计的壁纸图样中。虽说是1875年的设计款式，但直到现在也仍然受到大众的追捧。

Flower information

5 枚花瓣一样的花苞非常独特

分类	毛茛科飞燕草属
原产地	欧洲、北美、亚洲、非洲
别名	千鸟草
开花期	5 — 7月
花色	

花 语

开朗
快活

Lavender

薰衣草

广为人爱，颜色和气味具有超强治愈功能

拉丁语花名的词源意为“清洗”。古时候是珍稀的草药，古罗马时期非常盛行入浴时在水中加入薰衣草。花语“沉默”，来自其安神定气的功效。

19—20世纪，英国著名花园设计师格特鲁德·杰基尔也被薰衣草深深吸引，并且培育出了名为孟士德薰衣草的新品种。

花 语

沉默
优美
纤细

Flower information

具备镇静效果的著名草药

分类	唇形科薰衣草属
原产地	南欧、地中海沿岸
别名	香水植物、香草
开花期	6 — 8月
花色	

Flower information
高度可达 1 米以上

分类	山龙眼科木百合属
原产地	南非
别名	银叶树
开花期	各品种相异
花色	

木百合

独特的花形，充满野性的魅力

花形独特，花朵和花蕾都隐藏在花苞中。因为花朵这样隐匿的特征，孕育出了“打开沉寂的心灵”的花语。原产于南非喜望峰的丘陵地区，叶片色彩丰富，例如吉普赛红、落日红、黄色、乌木色等，无一例外都个性鲜明。

花名来自希腊语中“明亮或白色”和“树木”的组合。英文名为“Silver tree”，因而也有银叶树的别称。

花语

打开沉寂的心灵
沉默的恋情

Gentian

龙胆草　单独开花的孑然之美

龙胆的根，就是同样名为“龙胆”的中药材。因为味道如熊胆般苦涩，因此被命名为“龙胆”。

花语“正义”“诚实’，是因为龙胆不群生而是单独开花的特征。

在宫泽贤治的《银河铁道之夜》中就出现过龙胆的桥段：康帕内拉从银河铁道的车窗中探出头来，喊道：“啊！龙胆开花了。已经是天高云淡的秋天了！”

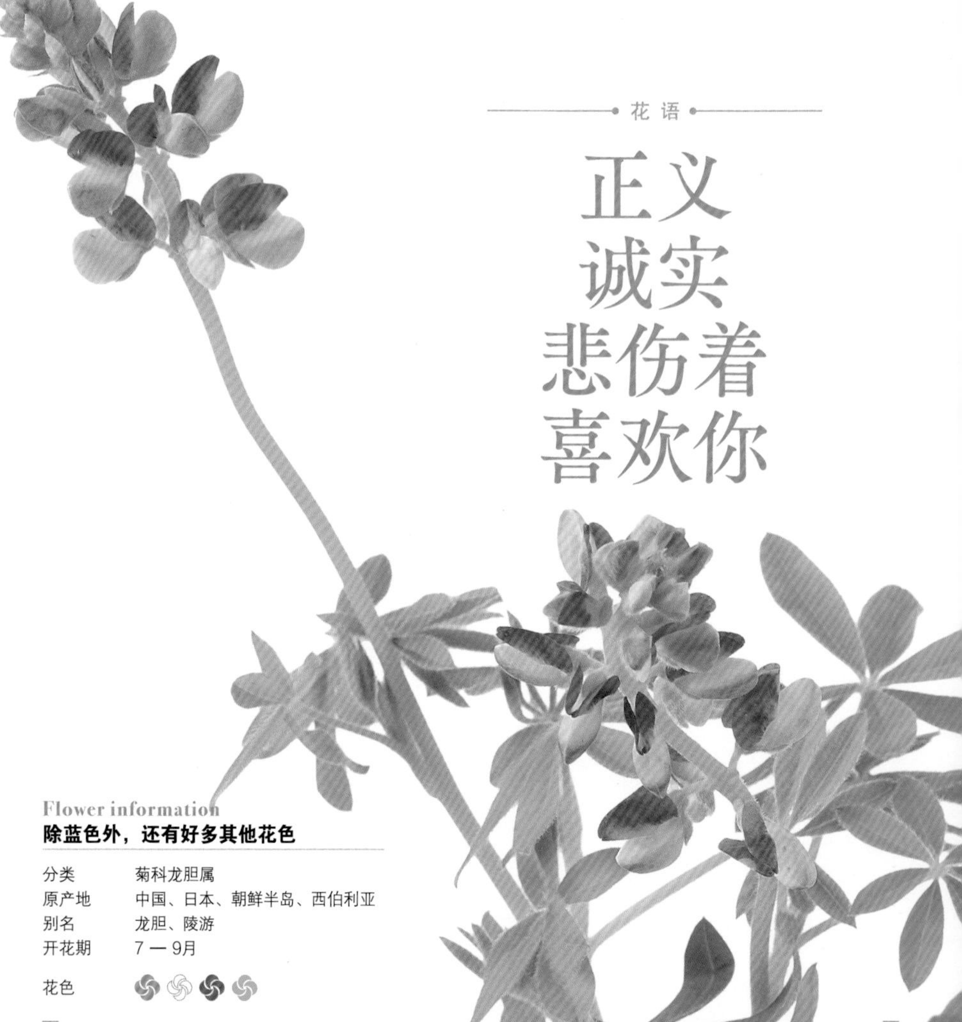

花语

正义
诚实
悲伤着
喜欢你

Flower information

除蓝色外，还有好多其他花色

分类　菊科龙胆属
原产地　中国、日本、朝鲜半岛、西伯利亚
别名　龙胆、陵游
开花期　7 — 9月
花色

羽扇豆

在《怪盗绅士》中出现过的可食用花

花名在拉丁语中意为“狼”。因其在荒原也能茁壮生长的特性与狼类似，由此而来的花语是“贪欲”。

英文名为“Lupine”。在莫里斯·勒布朗的《怪盗绅士》中，直接取用羽扇豆的英文名为其主人公命名。

豆科植物，南欧和南美的百姓会用盐水煮熟豆子以后食用。葡萄牙更是有一款名为“TREMOCO”的下酒菜，原材料就是羽扇豆。

花 语

贪欲
想象力
你是我的
现世安好

Flower information

花朵好像逆向生长的紫藤花

分类	豆科羽扇豆属
原产地	南北美、地中海沿岸、南非
别名	升藤、立藤
开花期	5 — 6月
花色	

Small globe thistle

硬叶蓝刺头 球状小花，种子与根有药效

琉璃色的圆形小花，表面有锯齿的叶子，真是名副其实的“刺头”。但与蓟的品种毫不相干。

花语“敏锐”，来自像刺一样的苞和花。“受伤的心”，来自一碰就会被刺痛的外形。

这种独特的花形，非常适合用来制作干花。根经干燥加工后，是一款叫作漏卢的中药，据说种子也有药效。

花语

敏锐
受伤的心
丰富的感情

Flower information

耐寒耐暑，
生命力顽强的多年生草本植物

分类	菊科蓝刺头属
原产地	南欧、西亚
别名	野兰、鬼油麻、狼头花
开花期	6 — 8月
花色	

西澳蜡花

花朵像涂了蜡一样光滑清香

是原产于澳大利亚西部的沙漠地区的野花，花瓣富有光泽，好像经过了细腻的打蜡加工。因其原产地，被命名为“西澳蜡花”。柑橘一般的甜美香气，特点鲜明。花语“纤细”“可爱”，都来自其像少女一样可爱的花形，“异想天开”则来自不规则分布的纤细花茎。

花色多样，有一层花瓣和多层花瓣的品种，另外也不乏叫作“Dancing Queen”的八重花瓣品种。

花语

纤细
可爱
异想天开

Flower information

插在水里也能轻松生根

分类　桃金娘科风蜡花属
原产地　澳大利亚
别名　蜡花、风蜡花
开花期　5 — 6月
花色

夏季花卉摆台

Summer flowers

把夏季的清凉放进杯子里，
再把自然的树枝团起来放进去。
让我们看看用什么技巧可以代替花泥。

让细柔的枝条卷在一起滋养花朵

把纤细而柔软的柳枝团在一起，揉成球形。柳枝比我们想象的更加柔软而柔韧，捆成一束也好，揉成一团也好，总之就是有很大的发挥空间。利用这样的特征，配合容器的大小，无论什么样的场合都能应对自如。

如何制作

How to make

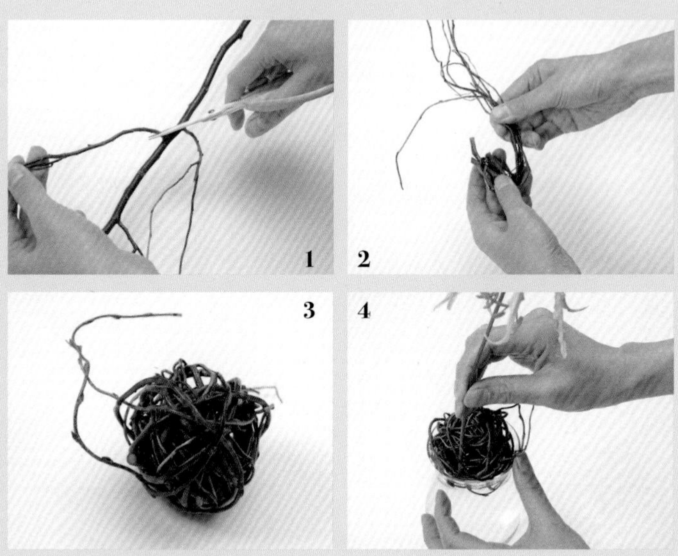

1 适当剪切柳枝的枝杈。
2 一边弯曲柳枝，一边慢慢揉圆。
3 参考容器口的大小，调整适当的大小。
4 把水放入容器中，把花朵插进树枝中间的空隙里。

让花茎细长的花朵住进玻璃杯里，给夏季带来些许清凉

挑选有代表性的夏季花朵，例如嘉兰、向日葵、马蹄莲等，每一枝搭配一个玻璃杯。可以统一色调，也可以统一花形。但无论怎样，都是非常有创意的摆台设计。

设计 / 滨中喜弘

花材案例 / 推荐柳枝 / 向日葵 / 马蹄莲 / 嘉兰等
可以单独摆放的高存在感花材。

花卉与文学
Flowers and literature

百合花甚至迷倒了足以跨越时代的作家

川崎景介

诗歌、童话、小说等，每种文学作品中都少不了植物的身影。很多诗人、作家，他们都曾经被同一种花吸引过，这就是百合花。在他们的作品中，百合花频频登场。

自古以来，百合的美，常是文人墨客和歌者吟咏的对象。如南北朝的萧察在《百合》中写道："接叶有多种，开花无异色。含露或低垂，从风时偃仰。"宋代苏轼也有"堂前种山丹，错落玛瑙盘"的诗句。此外，苏辙、杨万里、舒岳祥等也对百合花赞美有加。

另一位，就是夏目漱石。漱石被誉为日本国民作家，他不仅擅长幽默的表现风格，还能敏锐地捕捉到世事的虚无与悲凉，而漱石先生也给了百合很多次在自己的作品中显露身姿的机会。名作《从那以后》一书中，百合花闪耀着恋情的光芒，也在恋情终结的时候起到了很重要的作用。由此可以看出，漱石先生通过百合描述了对世界的认知。

漱石在晚年深受病痛之苦，在他记录自己克服病痛的作品《回忆花絮等》中，记录了自己正准备离开病床去看附近盛开的百合花时，却又忽然病倒的片段。

文学家都在百合身上感受到了花卉的魅力，可究竟为什么是百合花呢？我们不得而知。但无论哪一位，都会有心中独一无二的那朵鲜花吧。那么您呢，心中那朵独一无二的花是什么？

第3章

秋

Autumn

Flower information

花朵有点儿类似铃兰

分类	杜鹃科欧石楠属
原产地	欧洲、南非
别名	苏格兰欧石楠
开花期	各品种相异
花色	

Heath

欧石楠

在多种文学作品中登场，在荒野中肆意绽放的高冷花卉

欧石楠，是在欧洲地区的荒野中开放的花朵，英语名字和德语名字的原意均为“荒野”。欧洲文学作品中，经常可以看到欧石楠的身影。具有代表意义的作品是英国小说家艾米莉·勃朗特的《呼啸山庄》。欧石楠肆意生长在英格兰的荒野中，这片荒野就成为整个故事的舞台。主人公希斯克利夫（Heathcliff）的名字取自欧石楠，从侧面呼应了他孤独而肆意的人生。在莎士比亚的戏剧《麦克白》中，描写了主人公在欧石楠盛开的荒野中与3个女巫见面的场景。这些文学作品，进一步赋予了欧石楠在荒野盛开的形象，花语“孤独”“寂寞”由此而来。

其实，欧石楠盛开时，花朵之间亲密无间，其华丽程度让人无论如何都与花语联系不到一起。生活中，欧石楠不仅可以作为庭院树木，还可以放在大花盆中种植。无论哪种，存在感都不容小觑。

花语

孤独
寂寞
博爱

败酱

在万叶集中声名鹊起，在秋季原野中安静地摇摆

作为秋季七草之一，一直受到人们的喜爱，民间采摘嫩叶吃，下火又清毒。小黄花娇俏动人，像粟米粒一样可爱，因此受到了女性的追捧。由于这个原因，也被称为“粟花”。

花语“美人”“无果之恋”，来自其在秋风中摇曳的样子格外动人。

—— 花语 ——

美人
无果之恋
亲切

Flower information
通体嫩黄，花枝也同样惹人喜爱

分类	败酱科败酱属
原产地	日本、东亚
别名	粟花、女郎花、苦叶菜
开花期	8 — 10月
花色	

Dancing lady orchid

文心兰

仿佛黄色蝴蝶翩翩起舞，艳丽多姿

样子看起来就像群蝶起舞，也像百雀欢腾，无论怎么看都是热闹可人的花形。而英文名，则是将其比喻成了优雅地舞动裙摆的女士，花语也正是源于此。

黄色花朵比较主流，但最近市面上也出了更多花色的鲜切花。

花语

一起跳舞
可爱
玩乐之心

Flower information
粉色系花朵的甜美气味令人心醉沉迷

分类	兰科文心兰属
原产地	中美、南美
别名	群雀兰、雀兰
开花期	9 — 10月
花色	

Japanese bush cranberry

洋兰

原本是打包材料，现如今成了优美的洋兰女王

19 世纪初期，英国园艺家威廉姆·卡特兰前往南美洲选取植物品种的时候，曾用洋兰的叶子作打包的材料，没想到这种当时不为人知的品种，竟然开出了举世无双的美丽花朵。后来，这个品种也被叫作卡特兰。花语来自其优雅的花形。

花语

优美的贵妇人
魅惑

Flower information
人气高持不下的鲜切花

分类	兰科卡特兰属
原产地	中美、南美
别名	卡特兰
开花期	各品种相异
花色	

Chrysanthemum

花语

高贵 · 高尚 · 高洁
真实（白）
破碎的爱（黄）

菊花　代表着秋天的观赏植物，人们甚至称九月为“菊月”

菊花一直是深受人们喜爱的一种花卉。它是中国十大名花之一，也是花中四君子（梅、兰、竹、菊）之一，更是世界四大切花（菊花、月季、康乃馨、唐菖蒲）之一，由此可见人们对它的喜爱程度。

菊花不仅是中国文人气节的写照，而且被赋予了深远的象征意义。菊花高傲坚韧的品格，从陶渊明的“采菊东篱下，悠然见南山”中可见。

此外，菊花也用来象征长寿或长久。中国有在重阳节赏菊和饮菊花酒的习俗。唐代著名诗人孟浩然在《过故人庄》中写道：“待到重阳日，还来就菊花。”人们认为，在九月九日这一天采的菊花更有意义，用它制成菊花茶、菊花酒或用菊花沐浴，皆有“菊水上寿”之意。

Flower information

品种多样，款式众多

分类	菊科菊属
原产地	中国
别名	寿客、星见草、金英
开花期	9 — 11月
花色	

黄波斯菊

堪比落日的光辉，野性十足的顽强生命力

黄波斯菊，与波斯菊是同科植物，其黄色或橙色的花朵别有一番风韵。与纤细的波斯菊相比，黄波斯菊更具有野性的魅力，花语也正是取于此。耐得住夏末的酷暑，繁殖力旺盛。

原产地是墨西哥，但经改良后可以适应中国的环境。常在野外自然群生。在夕阳的照耀下会映射出橙色的光辉，这是花中的橙色素对紫外线产生的反应。

—— 花语 ——

野性的美丽

Flower information

盛夏开始上市，花期持久

分类　菊科秋英属

原产地　墨西哥

别名　黄花秋樱

开花期　7 — 10月

花色

丹桂

在中国的传说中，这是一种不枯不朽的树木

每逢秋季，空气中就会弥漫起独特的香气，其来源正是丹桂。花语其一为“谦逊”，与强烈的香气不同，花朵看起来小巧而低调。

原产地中国，中秋赏月的时候，必有丹桂陪伴左右。在传说中，“月亮上有一棵巨大的丹桂树，被流放在月亮上的吴刚要不停地用斧头砍树。可是丹桂树却会不停地再生复原。因此，吴刚永远也完不成自己的任务”。因为这个传说，人们开始相信丹桂树是不枯、不休、不老、不死的神树。

花 语

谦虚
真实的爱
陶醉

Flower information
橙色的小花香气扑鼻

分类　木犀科木犀属
原产地　中国
别名　木犀花、丹桂、金木犀
开花期　9 — 10月
花色 

Frost aster

山萵苣

孔雀羽毛一样的小花
遍地开放

纤长的花枝从下面开始分枝，小花并排开放，层层叠叠好像孔雀的羽毛一样。花名“aster”在希腊语中的意思是“星星”，也就是说花朵数量众多，好像天上的繁星一样。

在欧美，神的使者大天使米迦勒的纪念日是9月29日，所以在这段时间开花的山萵苣也被称为“米迦勒菊”。

花语“可爱”，取自其小巧的花朵。小花聚集开放，看起来亲切友好，这是“友情”的来源。

花 语

可爱
友情
一见钟情

Flower information

密集的小花在分枝的花茎上郁郁葱葱地开放

分类　菊科山萵苣属
原产地　北美
别名　孔雀菊、米迦勒菊
开花期　8 — 11月
花色　

葛根

被称为千年人参

根基巨大，而且根部含有大量的淀粉。其成分具有药效，是中药——葛根汤的主要原材料。葛根花具有解酒的功效，号称“千杯不醉”。而作为食物，葛根淀粉也很常见。花语比较倾向于强劲的力量，这源自充满生命力的树木。

其叶片宽大，在风中摆动的样子让人印象深刻。

花语

内心强大
活力
治愈

Flower information

拥有强大的力量，从下至上开放

分类	豆科葛属
原产地	中国、日本、朝鲜半岛
别名	葛花
开花期	8 — 9月
花色	

Flower information

在秋季田野中如樱花般绚烂的花朵

分类	菊科波斯菊属
原产地	墨西哥
别名	大波斯菊、秋英
开花期	9 — 10月
花色	 

花语

自由爽朗
多情
少女的纯洁

波斯菊

在电影《秋樱》中衬托过“少女的真心”

波斯菊植株高大，花枝随风摇曳，像穿着花裙子的妙龄少女，代表少女的纯洁和美好。

波斯菊是一种能让人感到幸福的花，开花时节，无论是拍照还是观赏，都会让人赏心悦目。同时，波斯菊也是插花造型时常用的花材。

波斯菊原产于墨西哥，在哥伦布发现新大陆之后，船员们将它的种子带回欧洲栽培，才使得欧洲人有缘见到如此优美、楚楚动人的花。

Saffron crocus

Flower information

花中可见纤细的雌蕊

分类　　鸢尾科藏红花属

原产地　地中海沿岸

别名　　番红花

开花期　10 — 11月

花色

藏红花

木乃伊包带的染料就取自藏红花的雌蕊

花名源自阿拉伯语的“黄色”。很多植物中都含有黄色素，但其中最具代表意义的则是藏红花。

包裹图坦卡蒙王的木乃伊的包带中就含有藏红花的色素，同时，其中还含有防腐剂的成分。藏红花具有镇静效果，让人神清气爽，因此花语包含“开朗”“快乐”等。

花语

开朗

快乐

青春的喜悦

China root

菝葜

藤蔓性的山中妙药

山中和原野里大量繁殖的藤蔓植物，茎部有刺。具有利尿、散热、排毒等功效，因为病人在山中吃了这种植物可以健康地归来，所以别称“山归来”。有“变得健康”“不屈的精神”等花语。

现在人们大多数热爱花谢之后的青绿色果实以及成熟以后的鲜红果实，所以常用来制作干花。

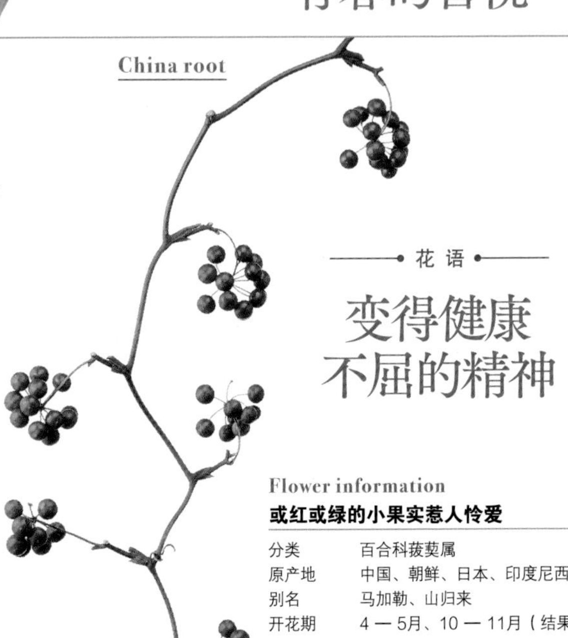

花语

变得健康

不屈的精神

Flower information

或红或绿的小果实惹人怜爱

分类　　百合科菝葜属

原产地　中国、朝鲜、日本、印度尼西亚

别名　　马加勒、山归来

开花期　4 — 5月、10 — 11月（结果期）

花色

Tartarian aster

紫菀

—— 花语 ——

追忆
不能忘掉你
想念远方的人

被清少纳言盛赞过的美丽

在清少纳言的《枕草子》中，把这种花形容为“艳丽的花朵”，是秋季的代表花卉之一。《今昔物语》中也有关于紫菀起源的中国传说。传说，兄弟二人因父亲的离世悲伤不已，特别是跟父亲感情深厚的弟弟，更是在父亲的墓前种植了紫菀。因此，紫菀有“相思草”的别称，花语“追忆”也有同样的意思。

Flower information

象征着秋天，淡紫而端正的花朵

分类	菊科紫菀属
原产地	中国、日本、朝鲜半岛、西伯利亚
别名	鬼丑草、十五夜草、相思草
开花期	9 — 10月
花色	

Japanese anemone

秋牡丹

楚楚动人，高人气茶艺花卉

花形有点儿像在秋季开花的菊花，但其实不是菊花，而是银莲花的同属植物。因为其单薄的花瓣，被赋予“淡淡的爱”的花语。与银莲花相同，或白或粉的部分不是花瓣，而是花萼。

Flower information

貌似菊花的观赏类花卉

分类	毛茛科银莲花属
原产地	中国
别名	野棉花、贵船菊、秋明菊
开花期	9 — 10月
花色	

—— 花语 ——

淡淡的爱
忍耐
善感的时候

芒

花语

活力
健康
心意相通

秋季七草之一，与百姓生活密切相关

八月十五赏月的时候，常用芒草来象征五谷丰登。作为禾本科植物，从古时候开始就给人类提供谷物以维生。

圆锥花序直立，其秆纤维用途较广，作为造纸原料等，支撑着人类生活的方方面面。同时，也可作为观赏植物栽培。

人们相信芒草的用途广泛、力量强大，因此在中秋赏月的时候会供奉芒草以祈求丰收。花语也来自这种强大的生命力。

Flower information

在风中摆动的样子好像小动物的尾巴

分类	禾本科芒属
原产地	中国、日本、朝鲜半岛
别名	尾花、茅
开花期	8 — 11月
花色	

Buckwheat

——• 花 语 •——

耕耘收获
恋人
五谷丰登

荞麦

从朴素的花朵到美好的味道

叶片呈心形，花茎从叶子中间伸出来，端部开出穗状的花朵。花谢以后，结出黑褐色的圆锥形果实，这就是荞麦粉的原材料。即使在贫瘠和荒芜的土地上，荞麦也能生长，因此花语为“耕耘收获”。在日本，有除夕吃荞麦面的习俗。

Flower information

白花花的荞麦田充满着牧歌风情

分类	蓼科荞麦属
原产地	中国
别名	和荞麦、甘荞麦
开花期	4 — 5月、9 — 10月
花色	 

Goldenrod, Woundworf

一枝黄花

体态蓬松，可以分枝使用

也被称为野黄菊或洒金花。花茎细长，分枝，每个枝上都开满黄花。用于填充花束空隙。叶子和花上有短绒毛，以避免蜜蜂过度采集花蜜。花语是“用心”“警戒”。

——• 花 语 •——

用心
警戒
励志

Flower information

单枝花茎上开满黄色的小花

分类	菊科一枝黄花属
原产地	北美
别名	野黄菊、洒金花
开花期	7 — 10月
花色	

茶花

世界品茶文化的源头

属于山茶科，常绿灌木，会在深秋开出白色五瓣小花。

花语源于简单的花形。叶片尖锐而有光泽，是各种茶的原料。 绿茶、乌龙茶等所有茶叶都是从茶树中获得的，可谓大自然的恩赐。 唐代作家陆豪撰写的《茶经本》，奠定了世界茶文化的基础。

平安时代，茶树进入日本，其后千利休让茶道文化开花结果，而茶叶则被昵称为“在茶室中绽放的花朵”。

Flower information

晚秋时节开出 3 厘米左右的小花

分类　山茶科山茶属

原产地　中国

别名　茶树、茶

开花期　10 — 11月

花色 

花语

纯爱

追忆

巧克力波斯菊

香气类似巧克力，香甜动人

20 世纪初，诞生于巧克力的发祥地墨西哥，是波斯菊的同类。

颜色像巧克力，气味像香草巧克力。这是因为花中含有香草的成分。

个性强烈的花色，容易引起人的乡愁。而花语则与情人节有着千丝万缕的联系，例如“恋爱回忆”“恋曲终结”等。最近，还诞生了带有红色条纹的“草莓巧克力”品种。

花语

恋爱回忆
恋曲终结

Flower information

细长花茎上独特的花色

分类　　菊科波斯菊属
原产地　墨西哥
别名　　黑波斯菊
开花期　5 — 11月
花色　

南蛇藤

圆溜溜的吉祥果实

初夏时节绽放黄绿色的小花，秋天结出圆溜溜的小黄果。

叶子圆润如乌梅。果实成熟后，剥开表皮，可以看到橙色的假种皮，因此有“开运”的花语。

“大器晚成”，来自从开花到结果需要耗时半年的特征。

—— 花语 ——

开运
大器晚成

Flower information
自由生长的藤蔓植物

分类	卫矛科南蛇藤属
原产地	日本、东亚
别名	蔓拟、蔓梅拟
开花期	5 — 6月、10 — 11月（结果期）
花色	

大吴风草

在秋冬季节争艳，色彩和圆叶不分伯仲

叶子有点儿像直到晚秋才上色的蜂斗菜，别名“艳叶蕗”。而且与蜂斗菜相同，人们从古时候开始就取其叶柄食用。但其实，与秋季落叶的蜂斗菜属于不同的科目。

大吴风草在日本江户时期用于观赏种植，有很多带斑点的园艺品种。因为全年常绿，因此常被用于庭院种植。日阴处也能健康成长，被赋予“不畏困难”“谦让”的花语。

Flower information

日阴处也能健康成长的多年生常绿草本植物

分类　菊科大吴风草属

原产地　中国、日本

别名　水蕗、石蕗

开花期　10 — 12月

花色

花语

不畏困难

谦让

Chile pepper

辣椒

被古代阿兹提克人所喜爱，最终遍布世界的香辛料

与青椒和尖椒属于同种植物，辛辣成分可以激发人脑分泌的多巴胺，已成为世界饮食文化中不可或缺的香辛料之一。

花语为“老友”。绿色果实好像“嫉妒”的火焰，所以也有“嫉妒”的花语。

Flower information

夏秋之间盛开的星形小白花

分类　茄科辣椒属
原产地　墨西哥
别名　唐辛子
开花期　7 — 10月
花色

—— 花 语 ——

嫉妒
老友

Nerine, Diamond lily

尼润

形如花火，是秋天里一道别致的风景

花名来自希腊神话中的海妖“塞壬”。只需一眼，其美丽的花形就会在人们的梦中再现，所以得到了“等待再见之日”的花语。

英文名，取自花瓣。折返着的花瓣仿佛折射了太阳的光辉，壮丽得令人迷乱。一根花茎上可以开出 8~10 朵花，宛若夜空中的烟火。

Flower information

纤细的花茎顶端是弯曲着的花瓣

分类　石蒜科尼润属
原产地　南非
别名　姬彼岸花
开花期　9 — 11月
花色 

—— 花 语 ——

等待再见之日
光辉

曼珠沙华

北原白秋的诗中曾经出现过的彼岸花

曼珠沙华，可以称得上是秋天的代表，也叫作彼岸花。曼珠沙华的名字来自佛经典故，这几个字在北原白秋的诗歌中就读作“彼岸花”。

鳞茎有毒，以前常被种在墓地周围，以避免野犬侵犯。《和汉三才图会》中，将其称为“死人花”。赤红的花朵让人印象深刻，另外还有白色的园艺品种。

花语

悲伤的回忆
放弃
热情

Flower information

与百合科近亲的多年生球根植物

分类	石蒜科石蒜属
原产地	中国
别名	天盖花、彼岸花
开花期	9 — 10月
花色	

泽兰

香气馥郁，是秋季七草之一

花瓣好像小巧的束腿裤一样。茎叶可提制芳香油。花语来自慢慢开放的小花朵。同时，泽兰也是秋季七草之一。鲜切花几乎没什么味道，但其实晾干以后，会散发出樱饼一样的香气。

在古代中国的风俗当中，迎接神灵之前需要用泽兰泡水、沐浴更衣，以此用洁净的身心去迎接神灵的到来。

花语

踌躇迟到

Flower information

多年生草本植物

分类　菊科泽兰属

原产地　东亚

别名　香草、露蕊乌头

开花期　8 — 10月

花色

丝绒花

花瓣宛如白鸟的羽毛，柔软而手感独特

花和叶的表面都覆盖着蓬松的软毛，手感有点儿类似毛织物，因而得名。貌似花瓣的地方是花苞，银白色的花茎和叶子独具特色。因其“永远热爱”的花语，常被应用于婚礼花束。

原产于澳大利亚，当地居民的传统故事中仍留有丝绒花的一席之地。据说兄弟二人变为白鸟的羽毛，落地后变成白花生根发芽，据传这就是丝绒花的起源。

花语

永远热爱
高洁
诚实

Flower information

容易种植的四季开花多年生草本植物

分类	伞科丝绒花属
原产地	澳大利亚
别名	—
开花期	5 — 6月、9 — 11月
花色	

油点草

可爱的花朵深受茶道中人的喜爱

白色花瓣上有星星点点的紫色斑点，好像杜鹃鸟胸前的花纹。这些斑点也很像油点子，因此得名。

夏末至深秋时节开放，花期长，因此得到“永远属于你”“秘密的思念”等花语。

可爱俏皮的花形，深受日本古时茶道师的喜爱。作为珍贵的秋季茶花，常出现在当时的茶道室里。

花语

永远属于你
秘密的思念

Flower information
有各种药用效果的草药

分类	百合科油点草属
原产地	中国、日本、朝鲜半岛
别名	杜鹃草
开花期	7 — 10月
花色	

地榆

看起来像花，又不完全像花的秋季一点红

在长长的花茎顶端有很多小花，开花的顺序是从上至下。貌似红褐色花瓣的部位是萼片。花语“变化”“转移”就来自这种开花的方式。“思虑”，则取自随风摆动的神态好像在踌躇思考的样子。

这种不可思议的小花，是秋季的一抹风采，深受文人墨客的喜爱。此外，地榆还是中草药，具有凉血止血、清热解毒等功效。

花语

变化
转移
思虑

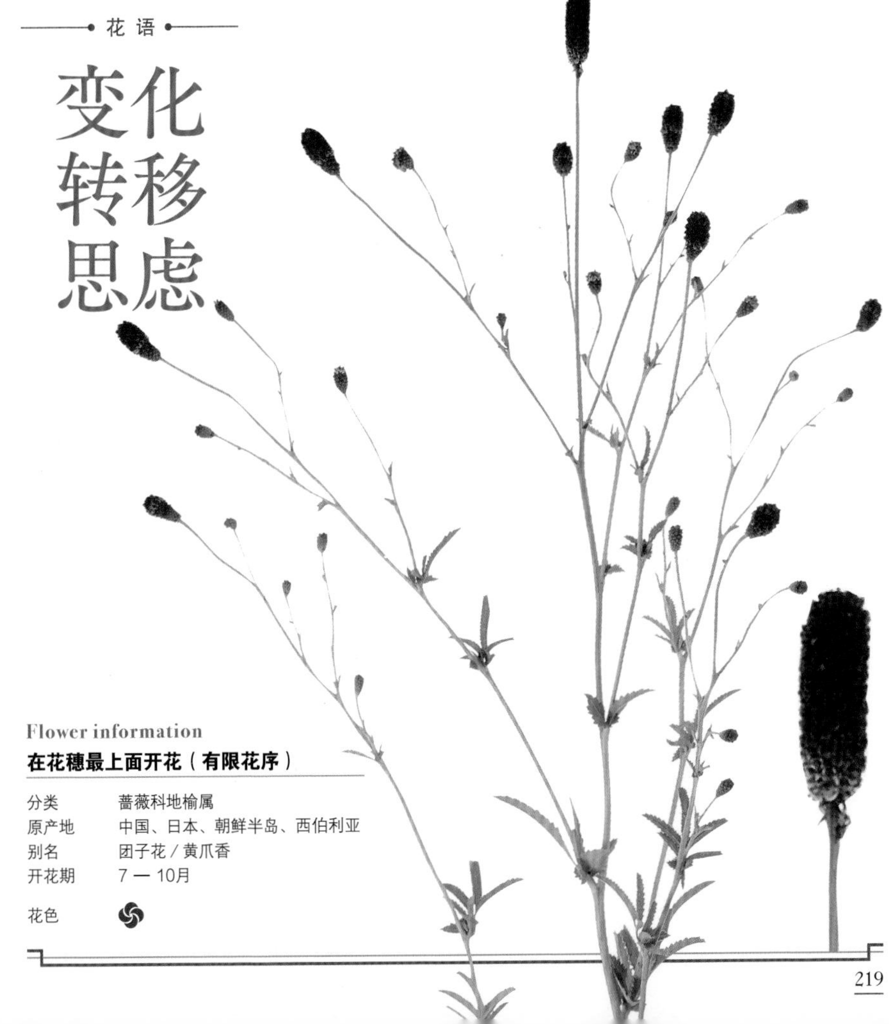

Flower information

在花穗最上面开花（有限花序）

分类　蔷薇科地榆属
原产地　中国、日本、朝鲜半岛、西伯利亚
别名　团子花 / 黄爪香
开花期　7 — 10月
花色

秋季花卉摆台

Autumn & Winter flowers

利用身边的素材和创意，
打造原创花环。
简单程度令人震惊。
搭配充满秋冬风格的系列配色。

利用枯枝，制作原创花环

自己制作花环恐怕比较难，可以使用市面上销售的花环。为了便于插花，在花环材料之间多留点儿空隙，这也是形成立体效果的关键。在容器中放一些水，让鲜切花保持更长的花期。随着时间的流逝，还能欣赏到干花和鲜花的绝佳搭配。

如何制作

How to make

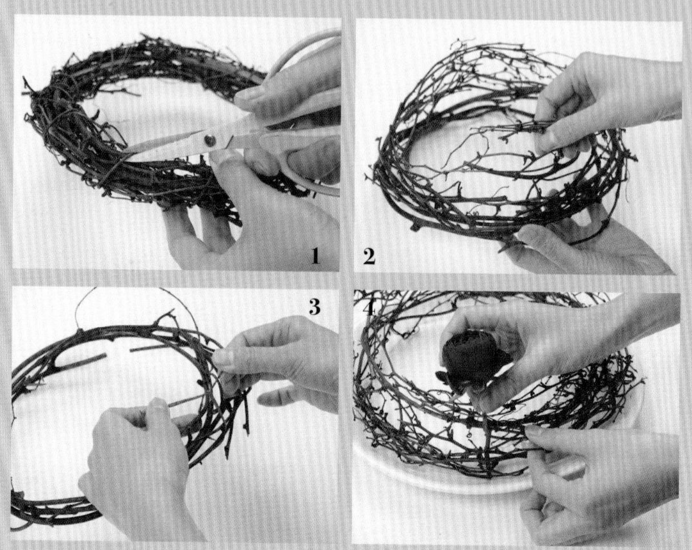

1　固定花环材料，剪断绳子。
2　调整形状和厚度，以便接下来把花插到里面。
3　如果要做立体花环，要在3处用绳子固定。
4　在容器中放水，把花环摆放在容器中加工。

使用大量果实，制作自然风格的圣诞花环

这个季节，金丝桃、荚蒾、桉树等都结出了果实。可以用花柏的叶子来衬托华丽的玫瑰和樱桃苹果。

设计 / 滨中喜弘

花材实例 / 花柏、桤木、玫瑰、金丝桃、桉树、木百合、绒柏、柏树、欧洲荚蒾、菝葜、樱桃苹果等，推荐使用即使是干花也能保持美丽的植物

世界花纪行

Flower of the world

与各种传说连接在一起的世界花卉

川崎景介

从很久很久以前开始，世界各地的花卉除了充当观赏植物和礼品之外，还与各种传说连接在一起。

说到夏威夷，您的脑海中一定会浮现出碧蓝的大海、草裙舞，还有色彩缤纷的花朵。想必很多读者有过在火奴鲁鲁机场被戴上花环的体验。其实，夏威夷花环的原型来自远古时期当地居民在祭祀中使用的道具。在祭祀中，无论男女都要把花环套在脖子上，然后跳起神圣的舞蹈。如果您有相关知识，就会从每一个舞蹈节拍中，感悟到舞蹈的意义。

在印度，古时候开始花朵就被视为神灵最喜爱的贡品而受到格外的重视。在南部地区的传统仪式中，每家的女性都需要在连续9天时间里，用花朵在平底盘上堆砌圆锥形的花塔。这座花塔最后会被装饰在家庭祭坛上，并在传统仪式的最后一天被载歌载舞地送到水边，交还给大自然。每当此时，家家户户独立完成的花塔会形成一道恢宏壮丽的花海，甚是壮观。据说这样盛大的花河，是为了展现女神的姿色。印度的女性在采摘花卉的时候，会带着虔诚的神情，由此可见人们是多么重视这些花卉的存在啊！

在佛教国家泰国，据说精灵们最喜欢寄宿在植物里。11月的满月之夜，人们为了感谢自然赐予的丰收作物，会举办天灯节。据说精灵最爱香蕉叶，于是人们采来香蕉叶，在上面摆好金盏花或茉莉花，然后放在点了蜡烛的小浮船上推向河面。蜡烛的火光映照在水面上，何等流光溢彩的风景啊！就好像火光正在牵引我们的心灵前往梦幻的世界。

第4章

Winter

Japanese apricot

梅

一心向主，香气浓郁的忠义之木

古时候，提到“花”，其实都是在指梅花。梅花的花形和香气都惹人喜爱，出现在很多诗词歌赋中。在中国传统文化中，梅因其高洁、坚强、谦虚的品格而备受人们推崇，它能给人以积极向上的激励。在冬日严寒中，梅开百花之先，独天下而春。

花语

忠实
高洁
坚强

Flower information
常出现在欢庆场合的吉祥花卉

分类　蔷薇科樱属
原产地　中国
别名　好文木、春告草
开花期　1 — 3月
花色 

Fire lily

垂筒花

无须过多呵护也能美丽绽放，深受园艺家追捧的花卉

笔直伸展的花茎顶端，开出多朵喇叭形的小花。花朵或向侧面或向下面开放，这也正是花语的由来。不需要很多的打理就能每年定期开花，在园艺家心目中地位很高。

花语

害羞的人
隐藏的魅力

Flower information
水果一样的香气充满魅力

分类　石蒜科垂筒花属
原产地　南非
别名　笛吹水仙、角笛草
开花期　3 — 4月
花色 

山茶花

迎着寒风绽放的美丽花卉，已经成为“克己”的象征

原产于中国，是中国传统的观赏花卉，“十大名花”排名第八，也是世界名花之一。

野生品种为白色，单层花瓣。后经改良的园艺品种，常用来作正月的装饰，多为红花。南天竹、富贵果等均为正月花，但只有山茶花才是正月花卉的代表。形似茶花，但大小不同。另外，与整朵花凋谢的茶花不同，山茶花是一枚花瓣一枚花瓣凋零的。

不畏严寒，寒冬时节仍能盛装开放，花语是“一心一意的爱”“战胜困难”等。

花语

一心一意的爱
战胜困难

Flower information

让冬天的空气变得缤纷而华丽

分类	山茶科山茶属
原产地	中国、日本
别名	姬椿、岩花火
开花期	10 — 翌年2月
花色	 

仙客来

花形别致，娇艳夺目，极具观赏价值

花名的词源来自希腊语的“圆形、旋转”。这是因为花谢后，受粉成功的花茎会蜷缩成螺旋状。

因为仙客来花形别致，有的品种有香气，观赏价值很高，所以深受人们的喜爱。它是冬春季节的名贵花卉，也是世界花卉市场上最重要的花卉之一。它的花期也很长，可达5个月，所以会在圣诞节、元旦、春节等节日里，作为装饰花卉，用于室内布置或作为切花使用。

花语

扭捏·后知后觉
嫉妒（红色）

Flower information

从冬到夏始终绚烂多姿的“冬季盆栽女王”

分类　报春花科仙客来属
原产地　地中海地区
别名　篝火花、萝卜海棠、兔耳花
开花期　11 — 翌年3月
花色  

多花兰

让冬季的室内华丽起来

这是一款高人气冬季盆栽植物。虽然同为兰科，但与贵气十足的蝴蝶兰相比，多花兰更加淡雅柔和，由此而来的花语是“质朴的心”“朴素”“高贵美人”。

学名来自希腊语“小船（eidos）”。这是因为花蕾形似小船，而且大片大片的花瓣留在地面上的样子也有点儿像小船划过留下的水波。与此相关的比喻数不胜数，大家可以发挥精彩的想象力。

花语

质朴的心
朴素
高贵美人

Flower information
一款具有超高人气的兰花

分类　兰科兰属
原产地　东亚、印度、大洋洲
别名　虎头兰、霓裳兰
开花期　11 — 翌年3月
花色  

水仙

又名中国水仙，是多花水仙的一个变种

原产于希腊。在希腊神话中，“自恋的美少年纳西塞斯沉醉于自己在水中的倒影，不慎落入水中失去生命。后来他作为水仙花重获新生”。别名“纳西塞斯”就取自美少年的名字。花

语“自恋”“自爱”，都来自这个传说。

在基督教文化中，常见水仙来装饰复活节。

水仙的原种是唐朝时期从意大利引进的，是法国多花水仙的变种，在中国已经有一千多年的栽培历史。经过人们的不断选育和优化，使其成为世界水仙花中独占一方的佳品，也是中国十大传统名花之一。

所谓“水仙”，就是水中仙人，因其在春节期间开花，所以被视为带来春意的重要存在，代表吉祥美好，通常养护在家中，图个好兆头。

花 语

自恋
自爱
坚贞爱情
吉祥美好

Flower information

高雅的花形让人联想到高洁的仙人

分类	石蒜科水仙属
原产地	地中海沿岸
别名	中国水仙、凌波仙子、玉玲珑、纳西塞斯
开花期	11 — 翌年4月
花色	

鹤望兰

著名摄影师喜爱的花卉，充满艺术气质

美国纽约的前卫摄影师罗伯特·梅普尔索普（1989 年故）从 20 世纪 70 年代初开始到去世为止，拍摄了大量的花卉作品。这足以证明，他把每一朵花都当作艺术品来热爱。而充满热带风情的鹤望兰，带给罗伯特·梅普尔索普很多灵感和想象。惊艳的花形酷似鸟儿，别名“极乐鸟花”。花语“用心的爱”取自挺立向上的花形，“好运·热情”取自艳丽的花色。

花语

用心的爱
宽容
好运·热情

Flower information

让人联想到美丽的鸟儿，是备受人们喜爱的正月花卉

分类	芭蕉科鹤望兰属
原产地	南非
别名	极乐鸟花
开花期	全年
花色	

Senryou

富贵果

寓意招财进宝

冬天结果，果实圆润赤红，被寓意为“招财进宝”，由此而得名。在古代被称为“仙蓼花”，因其“叶片形似蓼，但果实美如仙人”。

—— 花语 ——

财富·财产
天赋异禀

Flower information

富贵果的果实在叶子上面，朱砂根的果子在叶子下面

分类	紫金牛科紫金牛属
原产地	东亚热带地区
别名	仙蓼花、朱砂根、千两
开花期	7 — 8月、11 — 翌年1月（结果期）
花色	

Bamboo

竹

自古象征着繁荣的神秘植物

因为枝干呈硬质化，所以被视为树木，但却没有年轮。所以严格来说，并非树木，是一种不可思议的植物。因其特征，从古时候起就被视为神秘的存在，在神话传说中活跃至今。树干中存在大量空洞，被喻为多子多孙的代表。

—— 花语 ——

有节操

Flower information

开花周期竟然有 120 年

分类	禾本科竹亚科竹属
原产地	东南亚
别名	竹子
开花期	开花周期约为120年，开花后枯死
花色	

Camellia

山茶花 在19世纪的欧洲掀起热潮的时尚代名词

山茶花从古至今都深受世人追捧。端正美丽的花朵，被用于祭祀和供奉的神圣场合。花语“堂堂正正的美丽”，是因为在其华丽的花朵之下，并没有什么额外的香气。

18世纪传入欧洲，此后迅速出现了在胸前别一朵山茶花的潮流。

19世纪法国作家亚历山大·小仲马的名著《茶花女》中的女主角就喜欢随身佩戴红色或白色的山茶花。据说受到白色山茶花的启发，香奈儿才推出了山茶花系列产品。

花 语

堂堂正正的美丽
骄傲
谦虚的美德（红）

Flower information

在冬季开花的耐寒常青树

分类　山茶花科山茶花属

原产地　中国、日本、朝鲜半岛

别名　耐冬花、薮椿、曼陀罗、椿

开花期　11—12月、2—4月

花色

Denphalae

石斛兰

仿佛蝴蝶兰一样的精致花形

花形与蝴蝶兰相仿，属于同科品种。

花朵的华丽程度无与伦比，花语是“任性的美女”。其他的花语是“天造地设的两个人”，取自其攀附在其他树木上生长的特征。

花语

任性的美女
天造地设的一对

Flower information

花朵优雅，花期悠长

分类	兰科石斛兰属
原产地	帝汶岛
别名	金钗花、千年润
开花期	10 — 翌年5月
花色	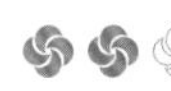

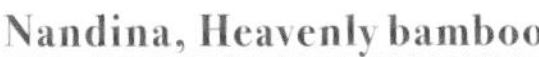

Nandina, Heavenly bamboo

南天竹

令人印象深刻的红色果实，含有增强运势的寓意

据传来自位于南方的天竺（印度），所以被称为“南天竹”。在日本，南天竹被誉为有转运的功效，所以偶见挂在门楣上的南天竹，那是用来驱邪的。另外，它也是常见的装饰品。花语“爱有增无减”，来自初夏开白花、其后结红果的特征。

花语

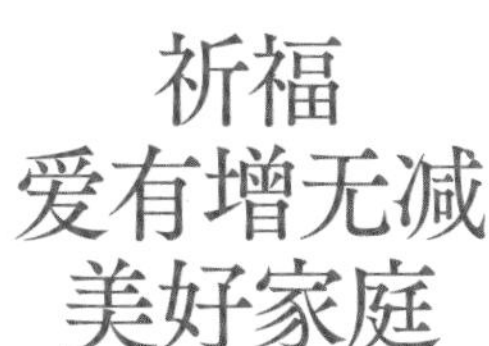
祈福
爱有增无减
美好家庭

Flower information

果实有止咳解毒的功效

分类	小檗科南天竹属
原产地	中国、日本、东南亚、印度
别名	南天竺、南天
开花期	11 — 12月（结果期）
花色	

Lady's slipper

兜兰

根茎发达，花香沁人，四季开花，非常适合懒人种植

四大洋兰中的一种。部分花瓣呈现小兜子的形状，由此得名。在希腊语中，名为“女神的拖鞋”。花语来自充满个性的花形。兜兰有很多品种，可整年开花，是室内培育的最佳品种之一。

Flower information

貌似食虫植物，但并不捕虫

分类	兰科兜兰属
原产地	中国、东南亚
别名	拖鞋兰
开花期	12 — 翌年6月
花色	

花语

美人

个性独特

Flowering cabbage

羽衣甘蓝

形似大朵牡丹，但具有更加美丽的叶子

看起来像花的部分，其实是类似于卷心菜的叶子。因为形状类似牡丹，也被冠以“花牡丹”的名字。英语名意为“像花一样的卷心菜”。花语“祝福”，取自其在节日作装饰品的用途。另外，花语“利益”，来自三国时期诸葛亮在战地种植卷心菜以供士兵食用的典故。

Flower information

晚秋至早春时节绽放光彩的卷心菜同类

分类	十字花科芸苔
原产地	欧洲
别名	花甘蓝、牡丹叶、叶牡丹、花牡丹
开花期	1 — 3月
叶色	

花语

祝福

利益

斑克木

以探险家名字命名的野生花卉

花名来自 19 世纪与库克船长一起经历世界一周探险的约瑟夫 · 斑克。他是英国植物界的领军人物，曾任伦敦园艺协会的第一任会长一职。斑克先生让画家在铜版画中清楚地描绘出了众多小花聚拢而成的大朵斑克花、锯齿状的叶子和松果状的果实。

原产于澳大利亚。由于当地火灾频发，斑克木只好凭借自身坚硬的果实、散种繁殖的特征来繁衍生息。由于这个习性，花语为“有勇气的爱”。

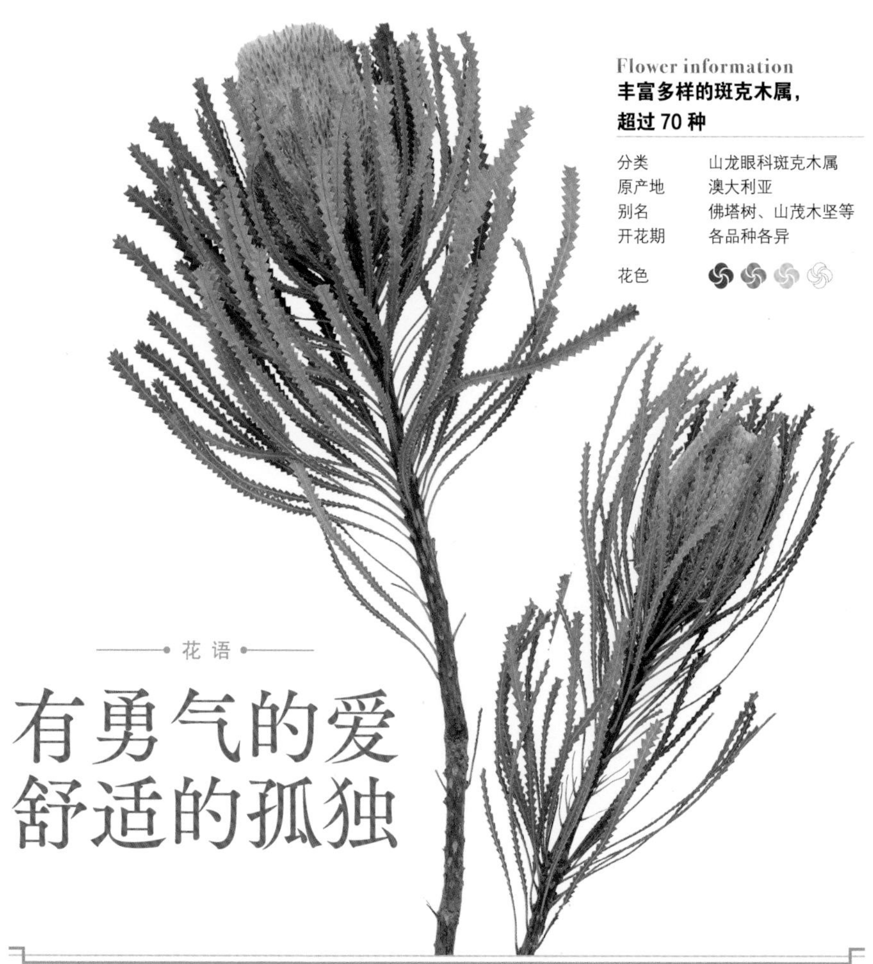

Flower information

丰富多样的斑克木属，超过 70 种

分类	山龙眼科斑克木属
原产地	澳大利亚
别名	佛塔树、山茂木坚等
开花期	各品种各异
花色	

花语

有勇气的爱
舒适的孤独

三色堇

被比喻成猫或人的面孔的花坛“思想家”

由原种三色堇杂交而来，花朵要比原种三色堇大一些。如果花卉略小于原种三色堇，则是堇菜。据说，当年参与了品种改良的英国园艺师把花瓣中的斑点比喻成猫的眼睛。如果再仔细琢磨，会发现还能从花朵上看出人脸的模样。因此在法语中，花名词源的意思是“思考”，花语正是来自此。

瑞士画家恩斯特·克莱多夫在绘本《想要住在花中央》中，甚至直接用三色堇的花来代替了女性的面容。以一幅《向日葵》流芳百世的凡·高，也曾经在自己的画作中大胆地表现过三色堇的形象。

花语

思考
深思熟虑（紫）
纯爱

Flower information
从冬开到春的耐寒花卉

分类	堇菜科堇菜属
原产地	欧洲、西亚
别名	游蝶花
开花期	11 — 翌年4月
花色	

False holly

柊树

四季常青，入秋百花朵朵，香气弥漫

柊树的叶子非常特殊，上面布满小刺，刺桂一词由此而来。柊树是观赏树种，生长速度偏慢，可用于家庭制作盆景。

用心保护

与金木樨的香味略同

分类	木犀科木犀属
原产地	中国、日本
别名	刺桂、柊
开花期	11 — 12月
花色	

Bouvardia

寒丁子

用巴黎植物园园长的名字来命名

英文花名来自 17 世纪巴黎植物园园长夏洛特·布瓦尔。顶端有十字花切口，形似丁香。花语来自其他寒丁子属的原种进行杂交而来的渊源。

交流亲善

Flower information

散发着甘甜芳香的可爱小花

分类	茜草科寒丁子属
原产地	中美、南美
别名	寒丁子、蟹目
开花期	10 — 翌年4月
花色	

报春花

春季到来之际，第一个从花坛里探出笑脸

花名词源来自拉丁语中的“最初”，这是因为它会在春季第一个开花。别名“小种樱草”。品种和颜色多样，每个品种都拥有自己独立的话语，但大多数都与其不畏严寒迎春开放的特征有关。

在德国，有一个“天国守门人把自己别在腰间的钥匙掉落到了凡间，那里便生出了报春花”的传说，所以也被称为钥匙花。

花语

青春之恋
美的秘密
信赖

Flower information

多姿多彩的魅力

分类	樱草科樱草属
原产地	欧洲、亚洲
别名	小种樱草、钥匙花
开花期	12 — 翌年3月
花色	  

一品红

体现圣诞风情的冬季风景线

原产于墨西哥。美国第一任驻墨西哥大使波因塞特将其带回祖国。在墨西哥，这种花的名字叫作“圣夜”，这是因为圣诞夜教会都会用这种花来作装饰。后来这个特点被衍生成“圣诞夜”的花语。

圣诞的红色，源自“耶稣流过的血”，绿色代表“永远的生命和爱”，白色代表“圣洁”。一品红的红色部分并非花瓣，而是花苞。红绿相间，再加上洁白的树液，完全是为圣诞节而生的花朵。花苞和花形也被联想为伯利恒的星星。

花语

祝福
圣诞夜
祈祷幸福

Flower information

红色花瓣一样的花苞异常美丽

分类　大戟科大戟属

原产地　墨西哥

别名　猩猩木

开花期　11 — 翌年2月（12月为全盛期）

花色

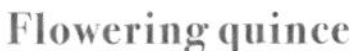

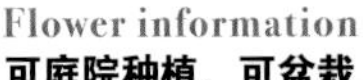

Flower information
可庭院种植，可盆栽

分类 蔷薇科木瓜属
原产地 中国
别名 唐木瓜
开花期 1 — 3月
花色

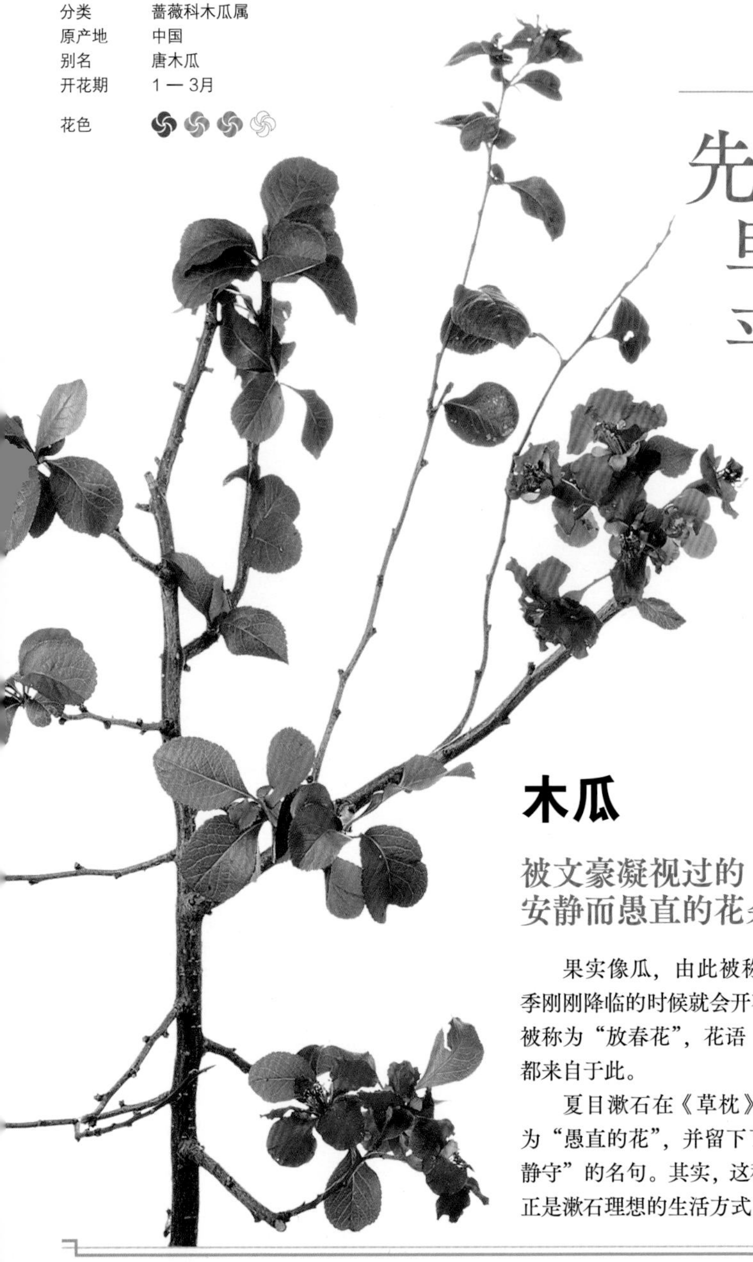

花语

先驱者
早熟
平凡

木瓜

被文豪凝视过的安静而愚直的花朵

果实像瓜，由此被称为木瓜。因为春季刚刚降临的时候就会开花，所以在中国也被称为“放春花”，花语“先驱者”“早熟”都来自于此。

夏目漱石在《草枕》中把这种花形容为“愚直的花”，并留下了“木瓜开花漱石静守”的名句。其实，这种所谓的“愚直”，正是漱石理想的生活方式。

朱砂根

招来财运、生意兴隆、幸运的红色果实

夏季开小花，冬季结红果。与同样结红色果实的南天竹相比，具有更高的价值。更是被人们称为“黄金万两”。

与南天竹一起，并称为“千两”和“万两”的植物，都有招财进宝的寓意。果实分为白色和红色两种，通常在庭院中搭配种植。也被称为桃叶珊瑚。

花语

长寿
庆祝
金玉满堂

Flower information
花和果实都很可爱

分类　草樱科紫金牛属植物
原产地　日本、东南亚
别名　大罗伞、八角金龙、黄金万两
开花期　7 — 8月、10 — 翌年2月（结果期）
花色

Palm tree

椰子

象征着胜利，偶被用来作为奖杯的图案

据说，远洋航海家们把叶子带到了波利尼西亚原住民生活的南国海岛上。椰子的用途广泛，曾被视为必不可少的生活用品之一。如花语所示，是真真切切来自大自然的“礼物”。在戛纳国际电影节的最高荣誉“金棕榈奖”奖杯上，就有椰子的图案。

花 语

礼物
胜利
和平

Flower information

有的种类可以结出椰子

分类	棕榈科椰子属
原产地	热带地区
别名	椰
开花期	周年（热带地区）
花色	

Mistletoe

白果槲寄生

树下的亲吻在呼唤幸福

花语“忍耐”，来自其生生不息地寄生于其他植物身上的顽强生命力。古时候，人们相信精灵会降落在白果槲寄生的枝条里，所以家家户户都会采来白果槲寄生的枝条作装饰。后来，被广泛应用于圣诞装饰。在欧洲，更是有圣诞夜在白果槲寄生树下亲吻会带来幸福的传说。

Flower information

叶片独特，果实可爱

分类	桑寄生科槲寄生属
原产地	欧洲、亚洲
别名	欧寄生
开花期	3 — 4月
花色	

花 语

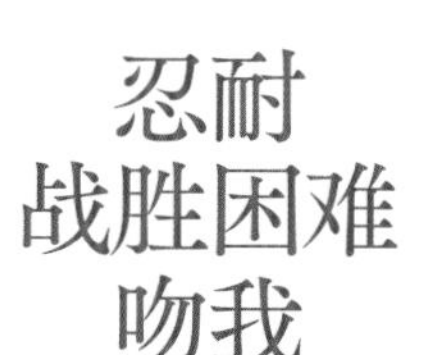

忍耐
战胜困难
吻我

腊梅

令人不禁怀疑是人工蜡花，花瓣光泽，散发着通透的光芒

明清时期从中国进入日本，当时被称为“唐梅”。李时珍的《本草纲目》中如此记述：花瓣宛如蜡制，在腊月（阴历十二月）开花，由此而得名。

花语“傲骨”，来自它在万物枯竭的严冬，安静地开出嫩黄小花的特征。花朵的美丽程度，让其在冬季庭院中占据着不可替代的重要地位。

“墙角数枝梅，凌寒独自开。”文豪王安石的寥寥数语，就道尽了腊梅的通透之美。

花 语

高风亮节
傲骨
坚强不屈

Flower information
可洋气可传统的花形

分类	腊梅科腊梅属
原产地	中国
别名	唐梅、腊梅
开花期	2 — 3月
花色	

礼品创意

Send flowers

让礼物更加华丽。
本页介绍使用花卉来包装的技巧。

把新西兰麻的叶子当作丝带

新西兰麻的叶子结实而坚挺。在原产地新西兰，人们甚至会利用这种植物的纤维来做小筏子。选取带金边的叶子，像丝带一样系在小篮子上，用宽大的叶子包住红酒瓶，完成一款独有创意的包装。

如何制作
How to make

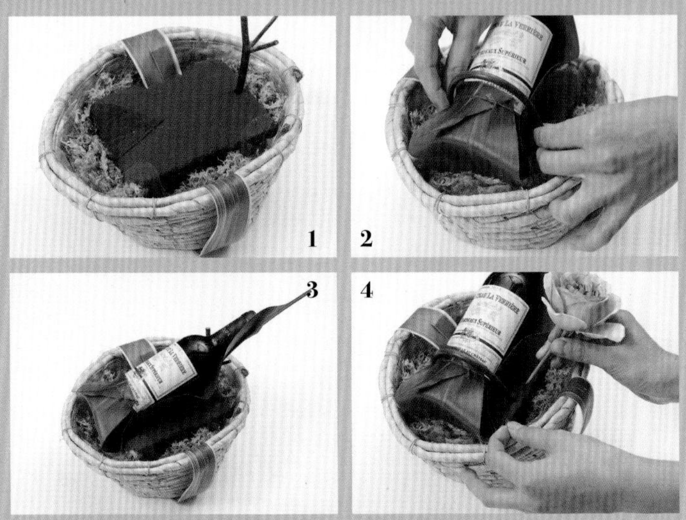

1 取适量花泥（吸水海绵），表面切出凹槽，另一端插一根Y形小树杈。
把新西兰麻的叶子当作丝带系在小篮子上。在小篮子和花泥之间填满泥炭藓。

2 用宽大的叶子包住红酒瓶，顺着花泥上的凹槽放倒。

3 从侧面确认倾斜的角度，检查凹槽是否可以承托住酒瓶。

4 把花朵插在花泥上。

在礼物周围，用玫瑰、轮锋菊、铁线莲等花作装饰。薄荷的绿叶衬托着花朵，适用于表述浓浓的谢意。

美丽的花朵组成奢华的包装，赠送给重要的人

设计 / 广野德子

花材 / 新西兰麻、铁扁担、玫瑰、铁线莲、藿香蓟、大星芹、迷迭香、轮锋菊、茉莉、薄荷、天竺葵

推荐花卉 / 当季花卉均可

花卉与哲学

Flowers and philosophy

兼具“理性”与“野性”古老传说中的植物

川崎景介

我们人类，有一种与其他生物有所不同的性质，那就是让自己的生活与自然保持了一定的距离。

人类把自己生活的居住空间和人类无法居住的自然界分开来考虑，貌似并不认同自身原本就是自然界的一部分。但我们毕竟是生物，想要与自然接触，不断地寻求着与大自然连接的环境和因素。法国人类学家克洛德·列维-斯特劳斯（Claude Lévi-Strauss）认为，在人类的底层意识当中，仍然保留着与自然界相连的“野性思维”，而这正是人类得以成为“人”的佐证之一。他认为对于人类而言，“未开化人”的具体思维与“开化人”的抽象思维是人类历史上始终存在的两种互相平行的思维方式。然而。在古老的传说中，花、果、树木等植物频繁登场，而几乎每次它们登场，都伴随着“不可思议”的场景。所以我总是觉得，“古老的传说是让我们回归‘野性思维’的一个途径”。例如在《竹取物语》中，女孩子诞生在竹子里，由此竹子被赋予了难以名状的“神奇魅力”。对于竹林公主和养育她的老夫妻来说，行为和判断尚处于“理性思考”的范畴。可是诞生女孩子的竹子的存在，则远远超出了合理的框架，成为打破常理的“野性思维”。同样，在“桃太郎”的故事中，瓜也象征了不可思议的存在。即使在现实生活中，一棵藤上结很多果实的植物，往往会被当成多子多孙的象征。

在古老的传说中，植物体现了“野性思考”，而传说故事就是“理性思考”和“野性思考”的融会贯通。这样看，是不是在娱乐值拉满的情况下又满足了人类的本质呢？

花名索引

Flower Name index

花名按汉语拼音顺序排列。